湛庐文化
Cheers Publishing
a mindstyle business
与 思 想 有 关

积极诠释力

THE SURPRISING NEW SCIENCE OF PSYCHOLOGICAL CHANGE

TIMOTHY D. WILSON

[美] 蒂莫西 · D. 威尔逊◎著 黄珏苹◎译

浙江人民出版社
ZHEJIANG PEOPLE'S PUBLISHING HOUSE

献给我的父母，

伊丽莎白·德康·威尔逊（Elizabeth DeCamp Wilson ）

和杰弗里·威尔逊（Geoffrey Wilson）。

REDIRECT

目录

THE SURPRISING NEW SCIENCE OF PSYCHOLOGICAL CHANGE

01 **小改变，大影响** 001

诠释世界的方式

故事编辑

持久的改变

有效吗？

02 **检验干预项目的有效性** 019

常识的错误

改变的目标

不要问，说不准

实验的关键

统计的魔术

从小规模开始

窥探黑箱

03 用积极诠释增加我们的幸福感 035

心理自助的迷思

幸福的源泉

策略空间

寻找意义

希望的积极力量

目标感

方法园地

04 用积极诠释成为更好的父母 069

放弃控制型教养

温和的威胁

奖励的限度

给孩子贴正确的标签

核心关系叙述

防止虐待孩子

方法园地

05 用积极诠释防止青少年怀孕 103

性教育与节欲教育

知道了就会拒绝吗?

无效的干预

志愿活动的好处

未学到的教训

方法园地

06 用积极诠释减少青少年暴力 121

青少年训练营
贴错了标签
有效的方法
还有什么是有效的？
志愿活动
破窗效应
方法园地

07 用积极诠释减少酒精与药物滥用 139

减弱同伴压力
生活技能培训
无药物滥用项目
中西部预防项目
想象的压力
高估他人的酒量
抽烟并不会更受欢迎
志愿活动
方法园地

08 用积极诠释减少偏见 161

多元化培训与多元文化教育
有利条件下的交往
他们能，我也能
方法园地

09 用积极诠释缩小成绩差距 181

驳斥基因差异

低期望

贫困与社会阶层

缩小学业成绩差距的大型干预

刻板印象威胁与学业成绩

用故事编辑干预缩小成绩差距

方法园地

10 持久改变的方法 211

解决方案

方法回顾

注释与参考文献 / 218

致 谢 / 219

译者后记 / 221

REDIRECT

THE SURPRISING NEW SCIENCE OF PSYCHOLOGICAL CHANGE

小改变，大影响

01

警员加里·费利斯（Gary Felice）和普林斯·琼斯 (Prince Jones) 最先响应了佛罗里达坦帕市（Tampa）德利昂街（De Leon Street）的火警。当他们抵达时，听到了每一位急救队员都害怕听到的声音，那就是熊熊大火吞噬的房子里传出的呼救与惊叫声。透过一扇窗户，他们隐约看到一个人，先是跌跌撞撞，然后摔倒，他没有逃生的出路。费利斯和琼斯疯了似的想打破被防盗铁栏加固的大门。他们使劲地连拽带推、又撞又砸，几分钟后，门终于被打开了，但为时已晚。“那个人像妈妈子宫中的胎儿一样蜷缩着，”琼斯说，“被烧死的人就是那个样子。”[1]

第二天，费利斯在报纸上看到了遇难者的照片，惊恐地发现自己认识那个人。他叫汤米·舒普（Tommy Schuppel），42 岁，是当地医院一位很受欢迎的 X 光技师。眼睁睁地看着朋友死去的事时常萦绕在费利斯的心头，令他寝食难安。他的上司深表同情，想帮他一把，所以像许多警察部门一样，他们为费利斯安排了严重事件应激晤谈（Critical Incident Stress Debriefing，以下简称CISD）。

CISD 的假设前提是，如果人们经历了创伤性事件，他们应该尽快把自己的感受表达出来，以避免这些感受被压抑，防止最终发展为创伤后应激障碍。典型的 CISD 治疗会持续 3 到 4 个小时，来访者被要求从他自己的视角来描述这个创伤性事件，表达他对此的想法和感受，以及与此相关的生理或心理症状。安抚者会强调，对创伤性事件产生应激反应是正常的。接着，他们会评估来访者是否需要进一步的服务。很多消防和警察部门在治疗情况类似费利斯警员的员工时，已经将 CISD 列为选项之一。确实，一些部门需要 CISD。它也被广泛应用于经历了创伤性事件的平民。“9・11”恐怖袭击后，9 000 多名咨询师赶赴纽约，帮助幸存者应对创伤，防止创伤后应激障碍的出现。其中，很多咨询师采用了心理减压技术。[2]

心理减压听起来像是一种有效的干预方法，难道不是吗？预防胜于治疗。让人们说出自己的感受而不是压抑它，难道不是一件好事吗？

让我们暂时把 CISD 放到一边，考虑另一种方法。我们不让费利斯去描述目睹汤米死去的可怕经历，而是就这样过上几个星期，看看他是否还在为这个悲惨的事件感到特别痛苦。我们可以让他在连续 4 个晚上的时间里完成一个简单的练习。在练习中，他要写下对这次事件最深切的想法和感受，以及这次事件与他的余生有什么关系。他不需要与受过训练的安抚者会面，也不需要压力管理方面的建议，只需要在连续 4 个晚上的时间里自己做书写练习。

你认为哪种方法更有效呢？是在训练有素的安抚者的帮助下，在创伤性事件刚一发生后就把想法和感受表达出来，还是在事件发生几周后，让当事者自己做书写练习？如果你和我以及几百个警察和消防部门一样，那么便会把钱花在 CISD 上。你会想，早干预总比晚干预强，训练有素的专业人士的服务总比自己坐在那里写一写更好，但是我们都错了。

心理学家们颇费了一段时间来检验 CISD，部分原因在于它看起来显然应该是有益的。不过，心理学家们通过检验发现了一些意想不到的事情：CISD 不仅是无效的，而且还可能导致心理问题。在一项研究中，研究者把在火灾中严重烧伤的人随机分配到 CISD 组和另一组。几个月后，研究者到被试家里对其做了一系列心理调适测量，此时研究者不知道哪些被试接受过 CISD 干预。在采取干预的 13 个月后，CISD 组的被试出现创伤后应激障碍的比例显然更高，他们更焦虑、更抑郁，对自己的生活较不满意。针对急救人员的 CISD 效果的检验，也发现了类似的结果。因此，在发生创伤后马上对人们采用 CISD 干预，这其实妨碍了自然的疗愈过程，甚至可能“固化”了对事件的记忆。费利斯的情况可能就是如此。在那次火警的 4 年后，一位记者采访了他，他似乎无法忘记汤米蜷缩在地上惨死的情形。

2003 年，在回顾了所有心理减压技术的有效性检验后，哈佛心理学家理查德·麦克纳利（Richard McNally）及其同事提出：“出于科学及伦理的原因，专业人员应该停止对经历创伤的人采取强制性的减压干预措施。”不过，这个提议没有被广泛传播或引起广泛的注意。2007 年，弗吉尼亚理工大学一名心理失常的学生枪杀了 32 名学生和教职人员，事件发生后，学生和急救人员接受了类似 CISD 的减压干预。[3]

书写练习又如何呢？最先提出这种技术的是社会心理学家詹姆斯·彭尼贝克（James Pennebaker）。检验书写练习的实验有几十个。在这些实验中，被试被随机分配到两组，一组写个人的创伤，另一组写日常经历，如那天他们做了什么。从短期来看，人们一般觉得表达创伤经历的感受是痛苦的。但是，随着时间的流逝，这样做的人在一些方面的情况会更好。他们的免疫系统的功能有了改善的迹象，他们也较少去看医生，在大学里的学业成绩更优异，而且工作中也较少请假。[4]

诠释世界的方式

为什么 CISD 的方法会没有效果？为什么书写练习会如此有效？这与人们诠释事情的方式有着必然的联系。正如我们很快将看到的，书写练习帮助人们将诠释引导到了更健康的方向上。但是，我们首先要了解个人诠释的重要性。

几个世纪以来，哲学家认识到，影响我们的并非客观世界，而是我们表征和诠释世界的方式。社会心理学家对此做了重要补充：主观诠释的形成是快速且无意识的。

当某事发生在我们身上时，大脑开始转动，并尽可能地去理解它。这个过程非常迅速，结果我们以为自己是在观察世界而不是在诠释世界。例如，从相反的方向看一看下面这幅图。你看到了什么？从右侧看是一只鸭子，从左侧看是一只兔子。那么它到底是哪个？客观地说，它哪个也不是，这取决于大脑诠释它的方式。而且，在观察的时候，我们通常不知道自己在诠释。你第一眼看这幅图的时候，也许只看到了鸭子或兔子，没有意识到自己正在以某种方式为这幅图赋予意义。

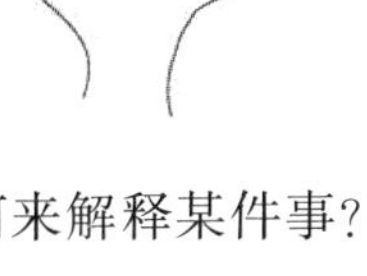

我们的大脑怎么知道如何来解释某件事？一种方式是依赖过去的经验。

如果你有一只宠物兔，便很可能在图中看到一只小兔子。另一种方式是利用我们体验某件事时所处的背景。如果人们在复活节看到类似上面那幅图，82%的人会把它看成小兔子。如果人们在10月的一个周日看到同一幅图，90%的人会把它看成鸭子或类似鸭子的某种鸟。[5]

这里还有一个例子。看一看下面这两个大号字体的单词。识别它们对你来说有困难吗？“嘁，”你心想，“第一个单词显然是‘THE’，第二个单词显然是‘MAT’。”不过仔细看看每个单词的第二个字母。这个字母实际上是一个图形，看上去就像足球场的球门柱，上部向内倾斜。当看T和E之间的那个图形时，你的大脑立刻把它诠释成了字母H。但在看M和T之间的图形时，你的大脑又立刻把它诠释成了字母A。

这种瞬时的诠释，不仅在诠释图形时会出现，在我们理解他人的行为和言语时也会出现。当你的老板严肃地说公司正处于艰难的时期，她不得不给你一份解雇通知书（pink slip）时，你知道应该收拾东西走人了，而不是感谢她体贴地送给你女士内衣①。

然而，情况通常比上面的例子更晦涩不明。设想一下，在开完员工会议后，老板告诉一名老员工杰克下午可以休半天假。你会怎么理解这件事？也许老板在奖励杰克的努力工作，因为他一直加班到很晚；也许老板决定解雇杰克，那天下午要面试替代杰克的人。人们作出某种行为的原因通常很神秘，我们不得不做完形填空。我们的诠释很重要，因为它决定了我们的感受和行为，

① pink slip在英语中有解雇通知书的意思，其中slip也有女士衬裙的意思。——编者注

决定了我们是嫉妒杰克还是为他感到难过。

没有什么比我们对事情的诠释更真实了。设想你是一名大学一年级新生。你坐在微积分的课堂里，等着教授公布第一次测验的成绩。你有点紧张，因为测验很难，但你上高中时数学很好，你对自己的分数有信心。当教授把试卷发给你时，你惊呆了，因为你只得了不太理想的D。

你的个人诠释会立即开始运作，试图解释考得这么差的原因。你得到的答案将会决定接下来发生的事。也许你认为自己学习不够刻苦，并将这次挫败看成是催你奋发的号令；也许你认为这次糟糕的成绩表明你不是上大学的料，由此证实了自己最害怕的事情，那就是你的能力不足。你开始翘课、不完成作业。毕竟，如果你显然不是上大学的料，那何苦还要去撞南墙呢?

很多人会采用第一种诠释，将糟糕的成绩看作督促我们要更加发奋的动力。研究表明，绝大多数人对未来有着积极的展望，相信自己前途光明，能够掌握自己的命运，即使其中包含了夸大和自我感觉良好的成分。用积极的视角看世界，人们会变得更快乐，当他们在前进的道路上遇到障碍时，会激励他们更努力地去尝试。这不意味着我们会无视现实，或在五音不全的情况下，还自以为拥有成为著名歌剧演唱家的天赋。然而，尽量积极地看待事件对我们非常有益[6]，例如把一次糟糕的成绩看成是需要更努力的提醒，而不是应该就此放弃。

不过，我们并非总会采用这种积极的视角，我们有时也会陷入消极的思维框架中。我们的诠释源于我们的自我叙述，这些叙述并不总是积极的，如有些青少年会毫无缘由地作出反叛行为；有些大学生确信自己不是上大学的料；有些成年人总认为自己会有最糟糕的人际关系。正如我们将在第4章中看到的，对于人际关系，人们有一些“核心叙述”，它取决于人们在幼年时与第一位照顾者之间的互动。这些叙述的作用就像过滤器，影响了成年后对人际关系的诠释，有时这种诠释方式是不健康的。

总之，我们诠释世界的方式极其重要。这些诠释来自我们所构建的、对自我以及对社会的叙述。有时，就像那位悲观的微积分考生，我们以不健康的方式诠释事物，并导致消极的结果。如果我们能改变人们叙述的方向，让其变得更健康，我们便能解决很多问题。

你也许会想，这一切听起来很好，但它不算什么新闻。有些人对自我和社会持有消极的思维方式，让他们构建更好的叙述当然会有帮助。而且，还有一种著名心理疗法的目的就是如此，那就是认知行为疗法。认知行为疗法认为，消极的思维模式导致了很多心理健康问题。治疗这些问题最好的方法是让人们意识到自己的思维模式，并学会改变它们的方式。例如，对一次糟糕的成绩立即推断出最坏结论的学生，他很可能抑郁，而认知行为疗法对他可能会有益。当采用认知行为疗法时，他可以学会识别并改变对自我的消极假定。[7]

心理疗法对有此需要的人非常有帮助，特别是对有严重心理问题，如患有抑郁症或抑制性焦虑症的人来说更是如此。然而有一种新方法，能够更快地改变个人的诠释，不需要一对一的治疗，并且能解决各种个人和社会的问题。它能够帮助像费利斯那样目睹了创伤性事件的人，也能帮助像那位爱胡思乱想、对自己的能力作出最糟糕判定的学生，还能帮助有青春期问题的孩子，以及像你我这样想过得更幸福的人。这听起来很神奇，但在本书中，我将告诉你它发挥作用的方式，以及它会有效的原因。

故事编辑

这种新方法源于库尔特·勒温（Kurt Lewin）的理论，他在20世纪三四十年代为社会心理学的创立贡献过力量。勒温支持我们刚才所解释的主观视角。

要想理解人们作出某些行为的原因，我们就必须通过他们的眼睛来看世界，理解他们解释世界的方式。我们不仅要通过他人的眼睛来看待问题，还可以通过简单的干预来改变他们看问题的方式。

当然，人们的自我观通常根植于多年的家庭影响、人际关系以及文化力量，我们不能指望人们一夜之间就改变。如果一个十几岁的孩子无缘无故地作出反叛行为，他的父母恳求他说“请改变你对自己的看法”并不比对他说“如果你不再吸毒，取下唇环，去上长笛课，我会很欣慰”更有用。叙述通常是像油画创作那样一天天积累起来的。改变叙述则意味着刮去层层颜料，在干净的画布上重新作画。这项任务至少会令人望而却步。

然而，正如勒温所指出的，如果找到了正确的方法，改变人们的诠释可能相当容易。在第二次世界大战期间，勒温通过改变看似很顽固的食物偏好证明了这一点。在那个时期，动物内脏的供应比其他部位肉的供应更充沛。简单地跟人们讲这种替代食物的重要性根本没用。相反，勒温召集了一些主妇来讨论这个问题。在讨论期间，一位受过训练的引导者巧妙地引导对话，讲一些应对家人抱怨的方法，从而克服烹饪内脏食物的阻碍。参加过讨论的主妇在接下来的一周里，比只是听一听说教的主妇更有可能为家人烹饪内脏食物。[8]

后来的社会心理学家将勒温的方法定义为“故事编辑”，那是一套设计好的技术，用来改变人们对自己及社会的叙述，并会引发持久的行为改变。

在本章中，我会介绍这种方法的基本要点，然后看一看它在特定领域中发挥作用的方式。在后面的章节中，我们将看到“故事编辑”如何让人们变得更幸福；如何成为更好的父母；如何解决青春期行为问题以及如何减少学校中不同种族间的成绩差距。

让我们首先明确想改变的对象。“故事编辑”的说法意味着我们要改变的通常是人们长久以来形成的、对自己和社会的个人化叙述。例如在第 3 章中，我们将探讨人们对生活中一些最基本问题的核心叙述。另外，我们想改变的还有人们对一些事件的第一反应，例如那位学生对微积分测验分数的解释。改变人们对事件的第一反应，是改变他们叙述的重要方法，就好像在小说的开头，改变几个关键的细节就能够改变将要发生的故事一样。

故事编辑是如何运作的呢？方式之一是，让人们改变自己的叙述，就像他们在彭尼贝克的书写练习中所做的那样。那些对某个重要的生活事件无法作出一致解释的人，这种方法最有效。如果发生了无法理解、令人不快的事，人们会尽量将它从脑海中消除，但这使人们更不可能很好地解释或处理这件事情。书写练习是一种让人们能够再次解读这个事件的有效方法。那些导致长期压力的创伤通常是我们无法理解的创伤。它们特别令人困扰，因为它们看上去好像是没有意义的、随机的，不符合我们对世界是可预测的、安全的认知。而且，我们通常会花费很多心理能量去尽力忘记这些事，而不是花时间仔细分析并找出其中的意义。而这正是书写练习能够发挥作用的地方，它让我们能够退后一步，重新建构发生的事情。从练习中获益最大的人，他们一开始对创伤性事件的描述是杂乱且不一致的，但最终能写出一个前后一致的故事，且故事解释了事件并赋予了它意义。此时，这个事件便不太会再次闯入脑海，人们不必再花费心理能量来抑制它了。[9]

这是最简单的故事编辑：引导人们理解令他们烦躁不安的事件。正如苏珊·桑塔格（Susan Sontag）在她的日记中写道："我写作是为了定义我自己，这是自我创造的行为，是形成过程的一部分。"当然，书写练习并非能解决所有心理问题。有时我们无法凭借自己的力量构建前后一致的叙述，此时心理治疗会非常有帮助。就像我们所看到的，认知行为疗法的目的就是，要教会人们将消极的思维模式转变成更健康的、积极的思维模式。不过，对于经历过创伤的人来说，书写练习被证明是有显著益处的方法。[10]

为什么 CISD 不能达到同样的效果呢？原因之一是时机。任何有过突然被情人甩了的经历的人都知道，克服失恋之痛最糟糕的时刻，就是在刚刚看到浴室镜上贴着的分手信之后。时间确实能治愈一些伤痛。在我们扔完家具或抱着枕头痛哭过后，便能够退后一步，尽量去解释发生的事情，我们可能会想："我们一直就不太合适，而且，衣橱里有了更多的空间，这真不错。"如果随着时间的流逝，创伤性事件依然困扰着我们，那也许是因为我们的理解并不成功，需要书写练习给予我们额外的帮助。简言之，CISD 方法之所以无效，是因为它让人们更难退后一步，更难获得对事件的洞察。

强迫人们在经历创伤后立即谈论创伤，这甚至会固化创伤的记忆，会让人们在今后的日子里更难重新解释创伤。

有时，除了把自己的问题写下来之外，人们还需要更多的助推。他们也许会陷入某种具有破坏性的叙述套路，就像那个得了糟糕分数的微积分考生那样。我们需要像铁路工作人员扳动道岔一样，把他的思维转换到更健康的轨道上。方法之一就是，给他们灌输大量更健康的诠释。我们将在第 4 章中看到，这种方法对儿童特别有效。例如，给孩子贴上"栋梁之材"的标签，能鼓励他们内化这种自我观。对待成年人的方式应该更微妙一些，不要简单地给他们的行为贴标签，而是要让他们自己得出相应的结论。我将这种方法称为“故事激励”，它通过巧妙的促动，将人们的叙述转换到某种特定的路径上。

为了理解故事激励的方法，让我们进一步来看一看两个爱猜想的大学生，我把他们称为鲍勃和萨拉。“我想我不够聪明，不应该上这所大学，”鲍勃在微积分测试中得了D后想，“我也许应该去上社区大学。”正如我们看到的，鲍勃有几堂课没有上，而且复习得也不认真。“何必要尝试呢？”他想，“我不是上大学的料。”第二次考试，鲍勃考得更糟了。这对他来说一点儿也不奇怪，毕竟他已经知道自己不是读大学的料了。鲍勃陷入了自我挫败的恶性循环中。他对自己能力低的假定导致他放弃了学习，因此第二次考试当然考不好，这又进一步证实了他对自己的消极看法，于是他变得更不努力了。

萨拉对D成绩的反应完全不同。她的总结是：“我认为高中时的学习方式不适用于这门课，我需要为下次考试加油了。”她从不翘课，而且坐在第一排，如果有不明白的地方，就举手提问。她反复看课本的每一个章节，仔细钻研笔记。第二次考试时，她的刻苦努力获得了回报，拿到了A。这让她对自己读大学的能力有了更强的信心，促使她在其他课程中也付出努力。她发展出了自我提升的思维循环，这使她学习更加刻苦，取得了更好的成绩，她更加相信刻苦学习是有价值的，从而获得了学业上的成功。

我们该如何让鲍勃的思维变得和萨拉的类似？这看起来又是一个令人望而却步的任务。鲍勃的消极思维可能源自长期的低自尊，或是父母向他传递了有关学业成功的错误信息，或者他具有自我挫败思维模式的先天基因。改变这种长期形成的思维模式难道不需要花费数年的时间吗？有可能改变吗？不仅有可能，而且利用故事编辑的方法，如果我们能在恰当的时机引导，这种改变可能并不是非常困难。在刚进入大学后不久便考了很差成绩的学生，就像来到了一个岔路口，他们有若干种解释学业失败的方式，我们也可以引导他们进入萨拉的思维轨道。毕竟，大多数大学生在高中时的成绩都很不错，应该不用太费劲就可以让他们相信：很多人在刚上大学的时候都会遇到学业上的困难，但当他们找到学习大学课程的方法后，便会取得较好的成绩。

为了验证这种方法，我和同事们做了以下的实验。我们的目标被试是看起来陷入了自我挫败思维循环的大学一年级新生，也就是说，他们没能取得理想的成绩，而且很担心自己的分数。参加实验的学生以为自己参与的是大学生活态度调查。我们告诉他们，他们会看到对高年级学生的调查结果，这样他们就可以事先了解会被问到的问题。我们在展示结果的时候会暗示：很多大学新生都会遇到学业问题，但一段时间后，这些问题会得到改善。例如，被试会看到“67% 的高年级学生说，他们在大学一年级时，成绩会不如预期。62% 的学生说，当他们读到高年级时，成绩比第一学期有了显著的提高”。当然，这些数据是我们之前调查的真实结果。为了让这些信息更加具体，我们展示了 4 位高年级学生的访谈录像，他们也同样提到了学习成绩的改善。这些被试先回答有关他们的专业、职业规划、家乡、课余活动等问题，然后开始涉及关键信息：他们大学一年级的第一学期和第二学期以及刚刚结束的这个学期的平均分。所有学生都说自己的成绩有了稳步的提高，例如，一名学生报告的平均成绩分别是 2.0、2.6 和 3.2。

所有调查的目的就在于此。在 30 分钟的时间里，学生们知道了，很多人在一开始都会有学业问题，但后来他们的成绩得到了改善。我们没有去深究被试以前的学习成绩，没有询问他们的学习习惯或者让他们提出压力管理方面的建议。被试甚至不知道这项研究的目的是帮助他们改善学业成绩。我们发现，一开始有学业问题但后来会取得好成绩，这样一个简单的信息，会激发学生们思考：“也许我不是上错了大学，也并非应该去社区学校，只是需要学会方法，尝试更努力地学习，就像我听到的那些学生一样。”换句话说，这种信息促使他们像萨拉而不是像鲍勃那样思考。

结果证明故事激励的方法是有效的。与随机被分配到控制组的学生，即没有接受有关成绩改善信息的学生相比，得到故事激励的学生在接下来的学年中，获得了更好的分数，退学的可能性更低。如果考虑到干预措施是多么微小，而且看似无关紧要，那么这些结果就显得更为惊人了。要知道，学生们只是参加了 30 分钟的心理学实验，其间为他们展示了一些统计结果，让他们看了一些其他年级学生的简短录像而已。[11]

到目前为止，我们看到了两种形式的故事编辑方法：一种是书写练习，人们通过书写来重新诠释问题；另一种是故事激励，人们可以被引导到某种叙述路径上，从而有希望打破自我挫败的思维模式。第三种方法被称为“做好事，成好人”，其首先要做的是改变人们的行为。这一理念可以追溯到亚里士多德，他提出人们“可以通过先实践美德行为，再养成美德……可以通过实践公正的行为而变得公正，通过实践自我控制而变得自控，通过作出英勇的行为而变得勇敢”。换句话说就是，人们的行为会影响个人叙述的生成。如果他们对人友善，便会认为自己具有善良的天性，而他们越觉得自己善良，就越有可能去帮助他人，因此会进一步强化他们的新叙述。我们将看到一些令人印象深刻的例子，它们展示了“做好事，成好人”改变人们叙述的方式，并帮助解决一些看似非常棘手的社会问题。[12]

持久的改变

故事改写的主要优势在于，小小的故事编辑能够引发持久的改变。如果彭尼贝克的书写练习只能暂时改变人们诠释问题的方式，那它就没有什么了不起的。不过，这种练习的确能够在几周甚至几个月后依然带来持续的改变。如果我对大学一年级新生采取的干预方法只让他们暂时改变了对问题的解释，或者一回到宿舍就恢复了自我挫败的思维模式，那么我的干预也不能算有用。还好，这种干预带来了长期的成绩改善和较低的辍学率。

这种小小的干预为什么会产生持久的影响？那是因为它是自我维持的。一开始，干预措施会让学生们产生努力会得到回报的想法，这让他们为下次考试而更努力地学习。当这样做确实有用时，便会加强他们没有进错大学、能够学得很好的信念。这会让他们下一次试着更加努力。总之，这似乎触发了一个自我强化的积极的思维循环。

“做好事，成好人”的方法也会产生相同的效果。人们采取一种新的行为方式，如做志愿者工作，由此引发了自我观的尝试性修正。一位流浪者之家的新志愿者心想：“我猜我是那种真正关心社区的人。”这样的想法使他更有可能继续做志愿者，或以其他方式帮助他人，直到他对新的自我概念，即“社区志愿者”“乐于助人的邻居”“可以依靠的人”拥有了足够的自信。我们将会看到，对故事的初始编辑，引起这类持久改变的很多例子。

总之，故事编辑的方法设法改变人们对自己和社会的诠释，让他们拥有更多的幸福感，作出更受欢迎的行为。这是社会心理学家发展出的一系列相关方法，其中包括詹姆斯·彭尼贝克开发的书写练习；而通过故事激励方法，人们被引导用新的解释和理解行为的方式来替代原有的自我挫败的思维模式；还有“做好事，成好人”方法，人们被鼓励通过改变行为来创造新的诠释。

每一种方法的关键是，人们最终形成了更可取的自我观，它能够自我加强，从而引发持久的改变。

当然，这种方法不能解决所有的社会问题。没有人会认为解决无家可归问题的方法是，让流浪者用不同的方式来诠释自己的问题。有时要触及根深蒂固的问题，需要巨大的结构性改变。不过，故事编辑有助于解决很多令人苦恼的问题，甚至解决一些看似根深蒂固的问题。

有效吗?

你也许会问，我们怎么知道故事编辑的方法有效，而其他方法，如 CISD 没有效呢？本书的一个主题就是，只有实施严格的对照研究，我们才能够回答这个问题。如果没有严谨的对照研究，我们永远也不会发现 CISD 的方法无效而彭尼贝克的书写方法有效。可悲的是，这类研究很少。如今使用的无数干预方法从来没有接受过充分的检验。

为了说明社会及心理干预的科学检验是多么少见，让我们用医学的历史来类比。设想现在是 1850 年，你因呼吸系统感染而生病了。当地的医生来看你，你很幸运，因为他决定用相对无害的治疗方法，这种方法被称为“水疱法”。他把一块炽热的玻璃按在你的胸口，烫出了一串水疱，据说这样可以把你肺里的痰吸出来。还好那天是你的幸运日，要不然医生会切开你的静脉，放出 1 ～ 2 升血。对于一位 19 世纪的内科医生来说，这是很好理解的，因为放血可以恢复所谓的四种体液，即血液、黄胆汁、黑胆汁和黏液的平衡。而这就是乔治 · 华盛顿 67 岁呼吸道感染时，医生的治疗方式。在一天的时间里，医生将他全身血液的一大半放掉了，这加速了，或者说导致了他的死亡。

幸运的是，如今大多数医学疗法在被广泛实施之前，都会经过科学的检验。然而，这种说法并不适用于那些试图解决主要的社会及行为问题，如种族偏见、青春期行为问题、药物滥用或创伤后应激障碍的方法。那些告诉我们如何过得更幸福、更圆满的心理自助书，以及告诉我们如何养育孩子的教养书，也存在同样的情况。很多“解决方案”就像19世纪的医学，看似合理的治疗其实是无效的，甚至是有害的。例如，很多多元化培训项目就像“水疱法”，它们或多或少会令人感到痛苦，而且没有任何有益的作用。一些预防药物滥用和青少年犯罪的知名项目就像“放血疗法”，它们其实造成了损害，增加了青少年尝试抽烟、喝酒和犯罪的可能性。在后面的章节中，我将授予许多流行的干预项目“水疱法”或“放血疗法”的“殊荣”，以区分无效或有害的方案。

即使发现了有效的方法，这些方法也通常也没有得到普及，一部分原因在于，它们违背了“常识”。我们可以再一次用医学来类比：除非有研究验证，否则谁会认为服用面包霉是治疗感染的有效方法呢？我想表达的是，与当今广泛使用的很多无效的行为干预方法不同，故事编辑的方法就像青霉素，它不符合常识，但确实有效。

在下一章中，我描述了应该以及如何用科学手段来检验干预措施。本章提供了理解书中的实验所需的基础知识。当有人向读者兜售某种干预措施时，这些知识能帮助他们作出有辨别力的判断。如果拥有了这些基础知识，费利斯就可以质疑CISD的方法是否经过了充分的检验。父母就可以质疑学校管理者，某种预防药物滥用和校园霸凌的干预项目是否有效。当我们每一个人在阅读流行的心理自助读物时，便可以质疑这些书中提到的方法，是否经过了恰当的检验。

从第3章开始，我们将看到故事编辑的方法用来解决个人问题的方式，其中包括变得更有幸福感、成为更好的父母，以及解决社会问题的方式，包括降低青少年怀孕比例、减少青少年暴力、减少酒精和药物的使用、减少对少数人群的偏见，还有缩小学业成绩的差距。这些千差万别的问题有一个共同点，即它们都根植于人们的自我叙述，可以用故事编辑的方法改变。另外，故事编辑的方法还可以在日常生活中使用，就像每章结尾的“方法园地”所展示的那样。

REDIRECT

THE SURPRISING NEW SCIENCE OF PSYCHOLOGICAL CHANGE

02 检验干预项目的有效性

杨华是一位美籍亚裔女性，她在明尼苏达州圣保罗的规划与经济发展办公室工作。尽管在美国生活了近 40 年，但人们有时还会把她当外国人来对待。在公共汽车站，曾有一位女性向她走过来，大声问她是否会说英语，然后给她一份关于信仰上帝就能获得救赎的小宣传册。因此，杨华很赞同圣保罗市强制全部雇员接受多元化培训项目。雇员们观看来自“工作剧院”公司 6 名演员的表演，表演的内容包括种族问题、性别问题、宗教及排外问题等敏感的工作场景。主持这个培训项目的是一位雇佣法律师，培训中还包括问答环节。

这个多元化培训项目的初衷显然是好的，它试图增加包容性、减少冲突，并确保人们遵守法律。兰迪·凯利（Randy Kelly）市长支持这种做法，并指出：“当在日常工作中遇到这些问题时，这个项目确实提高了公务员的敏感性和意识。”另一位亚裔美国公务员李珍（Shoua Lee）似乎对此表示赞同，她说：“我曾经遇到过很多这类情况，我会克制自己什么也不说。”不过，并不是每个人都看好这个项目。“我不赞同他们传递的多元化信息，”一位白人中年男士说，“我们应该具有共同的文化、共同的语言。那应该是美国的文化，它是世界上最伟大的文化。”[1]

我们如何判断“工作剧院”表演的讽刺小品是否有效呢？在全面实施这个项目前，应该科学地审查它。然而，项目的开发者以及使用它的城市，可能永远都不会这么做，就像我们在第 1 章中看到的，数百个采用 CISD 方法的警察和消防部门，并没有审查其有效性，而事实证明它根本没用。如果类似的惨败发生在医疗领域，如在充分检验之前就将药物匆忙推向市场，必然会带来争议，并要求采用更严格的检验程序。为什么对行为干预没有类似的呼吁呢？

常识的错误

政策制定者、心理自助书作者以及形形色色的非心理学人士，通常依据常识来告诉别人该如何解决问题。当然，当医学研究者在判断一种新的化合物是否能够减轻偏头疼时，他们不会如此依赖常识。例如，常识告诉我们，给人们表演描绘工作情景的讽刺短剧，能够提高他们对多元化问题的意识；让人们谈论对刚刚发生的创伤性事件的感受，会对他们有所助益。

然而，常识会让我们误入歧途，因为它没有考虑到人类心理的运作方式，特别是没有考虑到，叙述的小小改变会对行为产生持久的影响。

在本书中，我们将看到许多有关错误常识的例子。当知道一些孩子有出问题的苗头时该怎么办？用送他们进监狱或可能丢掉性命来吓住他们吗？想让孩子避免接触毒品该怎么办？让警官到教室里解释毒品的危害，以及如何抗拒同伴的压力吗？这些方法听起来很有道理，但它们完全是错误的方法，其害处比益处更大。毫不夸张地说，源于常识的干预方法延长了压力影响的时间，提高了犯罪率，增加了毒品的使用率，并让人们不快乐，甚至加速了他们的死亡。这些干预方法的问题在于，它们没有考虑到故事编辑方法的基本前提假设，也就是说，为了解决问题，我们必须以当事人的角度去看问题，让他们改变对问题的叙述。不过，我们怎么知道故事编辑比源于常识的方法更好呢？在本章接下来的内容中，我将解答这个问题。

改变的目标

对于任何干预措施来说，首要的问题是，我们想要改变什么？如何衡量这些改变？例如，工作剧院那样的多元化培训项目，一般来说具有几个目标：（1）灌输法律意识和公司政策；（2）增加对不同群体成员的敏感性；（3）减少偏见；（4）减少歧视行为；（5）提高雇佣和晋升的多元性水平；（6）提高职场的工作效率；（7）减少法律诉讼或者诉讼事件中的责任。

对某些结果的测量相对比较直接：如果想了解员工是否知道相关法律和公司政策，我们可以做简单的知识测试，如问他们："询问求职者婚否是否合法"。但是测量其他结果，如人们的偏见程度就比较有挑战性了。社会心理学家对这个问题做过大量研究，开发出一些测量人们态度的方法，其中包括问卷调查法以及在电脑上完成的间接测试。另一种方法测量的是人们怎么做而不是他们怎么说。例如，在实施了多元化培训项目之后，有关歧视行为的投诉是否减少了？工作效率是否提高了？[2]

关于如何测量人们的信念、态度和行为的问题并非无足轻重，不过我们通常能在干预措施的目标以及测量干预效果的方法上达成一致。更困难的问题是，干预是否引起了希望的改变。如果有一台能显示人们思想的机器，我们能够追踪人们的思想变化，看一看干预对他们产生了何种影响，那这个问题就很简单了。然而，世上不存在这样的读心机器。我们可以对人们的大脑做磁共振成像（MRI），测量不同脑区的血流情况，或者在他们的头皮上放置电极，用脑电图机（EEG）测量神经元的放电活动。尽管这些技术得出了有用的信息，但它们不是读心设备，不能展示人们特定的思想，没法观察他们是将糟糕的成绩归咎于智商低还是没有更刻苦地学习。

不要问，说不准

为什么不要直接问人们是否从某个项目中获益呢？“工作剧院”公司在他们的网站上出示了一份研究报告，研究者访问了 8 位观看过工作剧院表演的员工，让他们评价表演对他们产生的影响。结果是令人鼓舞的，参与者说这个项目“对他们与同事及家人的互动产生了显著的影响”。与此类似，研究者询问接受过 CISD 治疗的人，这项干预是否有帮助，得到的结果也是令人鼓舞的。在一项研究中，98% 目睹了创伤性事件并接受过心理减压的警员报告称，他们对此感到满意。[3]

不过，这类证言可能会让人产生误解。有时人们并不会实话实说，也许他们知道这种减压法没有什么帮助，但不想让研究者太扫兴。尽管这种不坦率可能是其中一个问题，但询问人们的根本性问题是，被询问者经常不知道答案。确实，我们是目前已知的、唯一具有意识的物种，我们有时目光短浅、有时深思熟虑、有时焦虑地反思自我以及我们在世界中的位置。

事实证明，意识只是人类心理过程中很小的一部分。我们是自己的陌生人，是高度复杂的潜意识心理的所有者。

潜意识与意识一起发挥作用，共同诠释着这个世界，共同构建了我们在世界中的位置的叙述。社会心理学家的目标正是这些潜意识叙述。[4]

这并不意味着我们对自我一无所知。我们通常可以毫不费力地知道自己的感受，如在某一时刻我们有多快乐、多悲伤、多愤怒或多振奋。然而，我们不太清楚会有这样感受的原因。大脑没有为我们提供可供检视的饼图，"为什么现在我感到悲伤？让我们来看一看。37% 的原因是我的伴侣忽视了我；28% 的原因是我发现姑姑病得很重；13% 的原因是这个州的经济状况；其余的原因是我现在的血清素水平有点低"。与之相反，我们发展出一些分析自我感受的原因的理论，就像我们发展出了分析他人为什么会有某种感受的理论一样。这些理论通常是正确的，大多数人很擅长自我观察。也许我们已经注意到，当伴侣忽视我们的时候，我们确实会感到悲伤和怨恨。但是几乎没人能确切地知道自己会有这种感受的原因，因为生活不是对照实验，在某一时刻，不会只有一个条件发生改变。真实的情况是，通常有许多貌似合理的影响因素，我们很难区分清楚是哪个因素真正引发了我们当下的情绪或态度。[5]

当我们遇到新奇的情境时，如在接受影响我们感受和行为的干预时尤其如此。例如，当人们去参加多元化培训项目时，他们怎么知道自己当前的感受和态度是因为受到了项目的影响？要回答这个问题，他们需要知道如果不参加这个项目，他们会有何种感受。这也是很多参加 CISD 研究的被试所面临的问题。假设在接受了减压治疗后，他们依然为创伤性事件感到痛苦不安。他们也许会暗自思忖："嗯，如果不采取减压治疗，我也许会感觉更糟。提供帮助的人看起来很和善，每个人似乎都相信这种方法，我想它对我是有帮助的。”与电影《美好生活》中的乔治·贝里（George Bailey）不同，没有天使向我们展示，在不同的情况下，我们的生活会是什么样。

事实上，情况甚至更糟。人们一旦接受了为帮助他们而开展的项目，便会倾向于产生错误的记忆，他们会不记得在项目开始前自己过得有多好。例如，一个实验发现，“学习技能项目”对大学生没有效果。在项目结束后，他们的学习技能并不比没有参加这个项目的学生更好。但是，参与者相信，这个项目是有效的，因为他们错误地记得，在项目开始之前，他们的学习技能很差。[6]

总之，当评价一种干预的有效性时，我支持“不要问，说不准”的原则。研究者不应该通过询问当事人从中获益多少，来评估项目的影响。人类通常不能准确地知道自己的情感、态度和行为产生的原因。需要明确的是，我并不是说研究人员应该把他们的问卷扔掉，不再访问干预的接受者或实施干预的人。“不要问，说不准”的原则不应该只用于询问人们如何被干预所影响这样的问题，不要指望他们会准确地回答这个问题。只有当我们知道将人们的回答与什么作对比时，询问他们的感受、态度、观点和知识才是有价值的。

实验的关键

比较的关键应该是什么？一种很普遍的方法是前后测设计。研究者比较干预之前和之后人们的信念、态度或行为，看是否发生了改变。例如，假设在参加多元化培训项目之前，只有 30% 的员工知道询问求职者的婚姻状况是违法的。在参加完项目后，则有 90% 的员工知道，这样就能很好地证明员工从项目中学到了有用的信息。然而，干预的目标通常是引起长期改变，而不是知识上的短暂增加。在这种情况下，前后测设计就变得更加没把握了，因为时间过去得越久，我们就越不确定究竟是干预还是生活中的其他事情导致了改变。如果不在项目结束后马上展开问卷调查，而是等待几周，看它是否具有持久的影响，那会如何呢？结果是令人鼓舞的，85% 的受访者知道询问求职者的婚姻状况是违法的。但谁知道项目结束后的几周中发生了什么？也许人们忘记了在项目中听到的内容，而是在公司新发布的员工手册上看到了相关信息，或者在与同事的交谈中以及报纸的文章中了解到相关的知识。

换句话说，前后测设计是不完美的，因为它没有控制除干预以外，有可能对被试产生影响的因素。正如我们在例子中看到的，当测量长期的改变时，问题尤其突出，因为我们等待的时间越长，就会出现越多干扰结果的因素。

更好的方法是将接受干预的被试与控制组作比较。假设我们将参加多元化培训项目的员工和未参加的控制组员工作比较，而结果是参加过的人更有可能知道询问求职者的婚姻状况是违法的。为了论证充分，假设他们在其他重要的测量维度上也表现得更好，如对其他种族的成员表现得更宽容、遭到投诉的可能性更小。对于这项干预措施来说，听起来都是好消息，不是吗？

然而，我们在评估项目时还漏掉了一个重要的要素：随机分组。如果我们不是随机地将人们分配到控制组中，那么解释结果就会很困难，因为我们无法排除控制组在某些重要方面与参照组不相同的可能性。这就是经典的“相关不等于因果”问题：一个变量（是否参加项目）与另一个变量（几周后被试对同事的宽容度）存在相关性并不意味着第一个变量是引发第二个变量的原因。

假设参加项目是自愿的，并且我们将选择参加的人与控制组，即选择不参加的人作比较。这会是一个有缺陷的实验，因为也许宽容的、有知识的人更倾向于自愿参加多元化培训，因此他们当然会表现得更宽容。这不是因为项目发挥了作用，而是因为他们的起点不同。一项研究确实发现，一开始就表现出对不同文化的敏感与才能的人，更有可能自愿参加多元化培训。因此，绝不要让人们自己选择参加哪个组。[7]

我们可以将研究设计得更巧妙一些。我们可以对一间公司某一部门的人实施干预，然后将他们的信念、态度与同公司另一个没有接受干预的部门作比较。这会是一个更好的实验，因为它避免了“自我选择”的问题，即不再让人们自己决定是否接受干预。然而，这两个部门的员工仍有可能在重要的方面存在差异。也许其中一个部门的人更年轻，种族多元性水平更高，有更多不同种族的朋友和更宽容的上司，或者在其他可能影响实验结果的方面与另一个组不同。

随机分组是一个很棒的均衡器。如果用抛硬币的方法来决定分组，而且如果每个组的规模足够大，我们便能够有把握地说，这些组在背景、对其他组成员的宽容度、人格、政策知识、爱好或其他任何可能影响行为的方面都没有差别。极不可能出现一个组比另一个组有明显更多喜欢猫的人、素食主义者、曲棍球迷或跑马拉松的人，就像极不可能出现抛 50 次硬币而有 40 次人头朝上的情况。因此，如果接受多元化培训的组比没有接受培训的组，表现出更多的宽容性，那么我们便可以确定是培训，而不是其他无关的差异导致了改变。

统计的魔术

有些研究者称，有一种替代实验方法的好办法。如果不能随机分组，我们可以对可能使结果产生偏差的变量做统计校正。假设我们现在要通过研究来搞清楚是否锻炼越多就越长寿。由于我们没有随机地将人们分配到锻炼多的组和锻炼少的组，因此无法确定，是锻炼还是其他诸如锻炼者比不锻炼者较少抽烟的这类变量延长了人们的寿命。一些研究者会说，这没问题。只要测量一下人们的抽烟水平，然后用多元回归的统计过程校正第三变量，如抽烟的影响，那我们很快就能得出答案了。从本质上说，这种做法是观察在给定的抽烟水平上，锻炼者是否更长寿。例如查看不抽烟的锻炼者是否比不抽烟的电视迷更长寿。如果是这样，我们便可以相当肯定地说，锻炼具有有益的影响。但问题是，我们无法测量所有可能干扰结果的“第三变量”。例如，我们可以设想一下，锻炼者也许比电视迷更有可能使用防晒霜，更有可能开车时系安全带，但研究者没有询问他们这些习惯。我们无法在统计上控制没有被测量的因素。

有几个著名的研究就落入了这个陷阱，得出了错误的结论，而且有时会导致生死攸关的后果。一项调查询问了几千名女性的健康状况，以及在更年期时是否接受了激素替代治疗。研究人员在用统计方法控制了很多潜在的混淆变量后发现，接受激素替代治疗的女性比没有接受这种治疗的女性更少得心脏病。许多内科医生根据这项研究，向病人推荐激素替代治疗。然而在后来开展的一项临床试验中，女性被随机分配到接受激素替代治疗和不接受激素替代治疗的两个组。试验得出了完全相反的结果：激素治疗增加了心脏病发作的风险。现在我们知道，在第一项研究中，选择接受激素替代治疗的女性一开始就比不选择接受治疗的女性更健康，而研究者没有测量这个变量，结果导致了错误的结论。只有将被试随机分配到不同条件组中，研究者才能有把握地说，他们已经控制了所有可能的混淆变量，识别出了真正的因果关系。[8]

如果统计分析发现两个变量之间没有相关性，那会如何？这能证明一个变量不是另一个变量的原因吗？不一定。最近一项研究调查了美国超过 700 个组织中的人事经理，以找出这些公司为提高多元化水平而采用了哪些策略。他们还查看了公司实际雇佣的女性经理和少数族裔经理的百分比。事实证明，公司是否有多元化培训项目与女性经理及少数族裔经理的数量不相关。对于多元化培训项目来说，这是证明其无效的确凿证据。事实上，这正是研究发起者得出的结论：多元化培训项目对“提高管理层中白人女性、黑人女性及黑人男性的比例”没有效果。[9]

不过同样不要这么快就下结论！在这项研究中，未被测量的第三变量可能掩盖了多元化培训项目中真实的因果关系。例如，实施多元化培训项目的公司在一些重要的方面可能与没有实施的公司存在差别。也许存在不平等雇佣情况的公司承受着改善现状的压力，但他们不是改变实际的雇佣政策，而是通过实施多元化培训项目来减轻压力，使他们看起来好像在做有建设性的事情。如果是这样，那么这些项目的因果关系就很难辨别了，因为不愿意改变雇佣政策的公司最有可能实施这些培训项目。

总之，解决因果问题需要通过真正的实验。如果我们能够将公司随机地分配为实施培训的或不实施培训的，例如，我们能够控制所有的混淆变量，那么抗拒改变和决心作出改变的公司就会被平均分配到两个组中。听起来是不是很简单？但这并不是一个得到广泛关注的经验。多元回归依然是很多经济学家、社会学家和心理学家的看家法宝。

有时这些研究者反对随机分组是出于实操和伦理方面的原因，不可能做随机分组的实验。例如，为了研究死刑是否会影响谋杀率，我们不能将国家或州随机分组，因为有些实施死刑，有些则禁止死刑。不过，我认为研究者很多时候放弃得太快，认定随机分组是不可行的。例如，检验一种新的干预是否有效通常被认为是困难的，其实完全可以将人们随机分配到接受干预的组和不接受干预的控制组。如果接受干预的人表现出更理想的反应，并且达到了统计学上的显著水平，那我们便可以非常自信地认为，这项干预有效。就是通过这种方法，我发现对大学生开展学业干预是有效的（见第 1 章）：接受干预的学生与被随机分配到控制组的学生相比，取得了更好的成绩，留在学校里的可能性更大。如果干预组和控制组之间没有发现差异，同时实验做得很好，样本数量足够大，那么我们就需要为这项干预感到担忧了。事实上，我们就是利用这种方法知道了 CISD 对减少创伤后应激障碍无效。一些研究随机将人们分配到接受压力纾解组和不接受压力纾解的控制组，并发现两个组之间没有差异。而且在一些情况下，他们发现控制组的心理更健康。[10]

从小规模开始

我当然并不想暗示实施实验很容易，如恰当设计控制条件可能就是一件很需要技巧的事情。更烦人的是，一些干预可能没办法简单地划分为几个阶段，而且也不能只提供给干预组。例如，假设我们想检验一种教孩子们阅读的新方法的有效性。我们可能需要半年或一年的时间，才能判断出这个方案是否有效。与此同时，那些被随机分配到控制组的孩子便不会受益于这个新方案。这的确是一种困难的权衡，与医学研究者在检验新疗法的有效性时所面对的困境没有什么两样。人们被随机分配到控制组中，直到研究者及医学界最终确信这种疗法是有效的。我们在社会、心理及教育方面的干预也是一样的标准。

解决这个问题的方法之一就是实施小规模干预的检验，而不要一开始就投入大量努力，以引起大规模的改变。在整个美国联邦政府实施强制性多元化培训项目之前，我们可以拿一两个办公室做实验，来检验其有效性。在要求所有警员和消防队员接受 CISD 之前，我们应该在一些小规模的、得到很好控制的研究中检验它的有效性。为什么应该从小规模开始呢？原因很明显：这样做能控制风险，即一项干预的消极影响。另一个原因是很难预测大规模的干预在现实世界中是否有效。社会学家有很多强大的理论来解释事物发挥作用的方式。很多这类理论的基础是在实验室或大学中开展的小规模研究。尽管这些理论是非常好的起点，但我们无法确定它们在真实世界中会有何种效果，所以最好从小规模开始，看看会发生什么。[11]

这种做法适用于检验故事编辑方法的有效性，就像它适用于任何其他干预方法一样。很难预测某种干预是否能成功地让人们采取健康的、自我维持性的叙述，因此建议从小规模的试点开始。例如，詹姆斯·彭尼贝克最先检验了他的书写练习。他将46名大学生随机分配到不同的书写条件组中。在我对学业改善干预措施的检验中，40名大学生被随机分配到多个不同的条件组。这种小规模研究的一个问题是，它们涉及的人数有限，不是大规模、有代表性的样本。然而，如果小规模实验得出了前景看好的结果，研究者便可以重复这类实验，并将其扩大到其他人群，最终大规模实施。例如，彭尼贝克的书写练习以及我的学业改善干预已经在不同背景、不同国家的人身上重复了很多次。[12]

窥探黑箱

用实验检验故事编辑的方法存在着额外的困难。这种方法的假设前提是，人们的行为源自他们对世界的诠释，一些相对简单的干预通常能改变这些诠释。然而，这些诠释很难用言语或文字表达出来，这意味着我们不能指望被干预者告诉我们，干预是否以我们预期的方式发挥了作用。“不要问，说不准”的原则也同样适用于对故事编辑的研究。这使我们很难检验人们的诠释是否已经改变了。

例如，在对大学一年级学生的干预中，那些了解到很多新生一开始都会遇到学习困难，但一段时间后会有所改善的学生，相较于被随机分配到控制组的学生来说，他们的成绩提高了，且辍学的可能性更低。然而，这一切是如何发生的呢？我们假设这些信息打破了自我挫败的思维循环，不再为学业上的问题而自责，且促使他们转换为自我提升的思维循环，即相信只要努力就会取得较好的成绩。不过，敏锐的读者会注意到，我没有谈及任何能证明人们的思维发生了这种改变的证据。那是因为没有这样的证据。我们确实发现接受干预的学生比控制组的学生对自己未来学业的表现具有更高的预期，这与所预测的思维方式的转变是相符的。然而这是唯一一点能证明他们的诠释已经发生了我们所希望的改变的证据。

这个例子说明心理学家的研究工具和方法是有限的。心理在很大程度上是一个其所有者都无法触及的黑箱，研究人员没有读心仪，不能够揭示黑箱里有什么。因此，了解干预发挥作用的方式很大一部分要靠猜测。我们试图通过观察不同的输入如何改变了输出来推导黑箱里发生了什么。值得注意的是，在其他学科中，如果无法直接观察到研究者假设正在发生的过程，那么同样要采取这种方法。例如，在科学家能够直接观察到微生物之前，微生物会导致并传播疾病的观点已经形成了。1847 年，一位在维也纳工作的匈牙利产科医生注意到，在医院生孩子的女性中有 30% 死于产褥热，而在家生孩子的女性几乎没有人死于这种病。他进一步观察发现，在医院里死亡的产妇通常接受过刚做完尸体解剖的医生的检查。他由此形成了一个在当时非常激进的假设，产褥热是由一种具有传染力的微生物引起的，医生无意中将它从尸体传给了产妇。为了验证这一假设，他要求医生在检查产妇前用漂白粉溶液洗手。之后，死于产褥热的产妇比例降低到了 2%，这证实了他的假设。这名医生大胆的实验是否证明了细菌导致疾病的理论？没有，因为他无法直接证明微生物的存在。他的实验结果当然与这个理论是相符的，但他只是找到了一种解决致命问题的简单而廉价的方法。

有关故事编辑的研究与之非常类似。简单的干预能够解决大问题，但我们不能确切地知道其中的原因，因为我们无法直接测量黑箱中的想法，虽然我们相信这些想法已经被改变了。不过，社会心理学家是聪明的方法学家，他们设法探查黑箱，并获得了一些令人振奋的结果。在接下来的内容中，我们将看到他们发现了什么。让我们从变得更幸福的研究开始吧！

REDIRECT

THE SURPRISING NEW SCIENCE OF PSYCHOLOGICAL CHANGE

03 用积极诠释增加我们的幸福感

2003年《美国周末》（*USA Weekend*）上的一篇文章说，格斯·戈德西（Gus Godsey）是美国最幸福的人。我不会把这种断言当真，因为《美国周末》的编辑一开始就去掉了一半人口，那就是女性。“我们知道这个人一定是一位男士，”他们写道，“即使女性有更高涨的情绪，但她们也会有更低落的情绪。男性综合的幸福感更恒定统一。”这是一个奇怪的说法，因为研究显示，平均来说，女性其实比男性更幸福。尽管近年来这个差距在不断缩小。[1]

这篇文章的另一个问题是，杂志将调查的范围限定为弗吉尼亚海滩市的居民，因为这个城市排在美国最宜居城市的榜首。尽管这让研究工作容易了许多，但如果是我，便不会这么快就把生活在克利夫兰、迪比克、斯波坎或美国其他地方的人排除在外，因为研究显示，生活的地点对幸福感的影响没有我们想的那么多。

然而尽管格斯可能不是美国最幸福的人，但他无疑也是一个非常幸福的家伙。《美国周末》的编辑让格斯到一个网站做了4个测量幸福和生活满意度的标准化测试。格斯在所有的测试中都得了高分。正如《美国周末》上那篇文章的作者所说："他好像在5加仑的袋子里装进了10加仑的幸福。"格斯幸福的原因是什么？幸福的要素有哪些？无论如何，格斯是如何得到那么多幸福的？[2]

你也许会认为，格斯一定非常富有，不费吹灰之力就能得到他想得到的任何东西。他可能在世界各地都拥有房产；乘坐私人飞机在全球自由穿梭；四星级私人厨师提供贴心服务；能够得到最好的音乐会和比赛的前排座位。如果拥有这些奢华的享受，谁会不幸福呢？

大部分人都会这么想，然而，正如我们看到的，对很多人来说，金钱不是幸福的首要原因，只要我们有足够的钱来满足基本需求就可以了。格斯·戈德西不是像比尔·盖茨那样的亿万富翁，而是一个过着普通生活的股票经纪人，属于美国的中产阶级。在赢得"最幸福的人"的头衔时，他并不拥有豪宅，而是住在200平方米的房子里。格斯是个45岁的已婚男人，有两个孩子，每天去上班，支持绿湾包装工队（Green Bay Packers），喜欢用西尔斯工匠牌（Sears Craftsman）工具。他没有私人飞机、私人厨师。那是什么令他如此幸福呢？他是不是知道一些你我不知道的秘密，而这些秘密能够让我们获得类似他的幸福？

尽管对于令我们感到幸福的事物，我们还不能完全掌控，但幸福感与我们思考自我及我们在世界中的位置的方式密切相关，也就是与个人诠释密切相关。

在本章中，我们将看到，利用故事编辑的方法，我们能够改变自己的视角，让我们变得更幸福，而不必采取那些我们以为能带来幸福的方式。事实上，关于如何能过得更幸福、更美满，存在着很多错误信息，其中很多是通过心理自助产业得以传播的。让我们来破除这些神话吧！

心理自助的迷思

在书店的心理自助书籍区，你会看到很多书，它们承诺能改善你的生活，且方法也是不计其数的。这些书声称能提供突破性方案，终结消极行为，让你再次感觉很棒；或者能提供让你天天快乐并获得持久满足感的秘密、疗愈情绪的 5 个简单步骤、克服自我挫败行为的方法、克服糟糕情绪的方法，以及避免让焦虑破坏人际关系的方法等。你们一定还记得菲尔博士（Dr. Phil）和托尼·罗宾斯（Tony Robbins）写的畅销书，还有露易丝·海（Louise Hay）的《生命的重建》（*You Can Heal Your life*）、史蒂芬·柯维（Stephen Covey）的《高效能人士的七个习惯》和朗达·拜恩（Rhonda Byrne）的《秘密》。

这些书很热销，2005 年的销售额超过 7 亿美元。如果再加上其他自助形式，如商业信息片、研讨课程班以及私人教练，那 2006 年美国心理自助市场的总消费额达到了惊人的 96 亿美元。[3]

书架上层出不穷的自助类书籍似乎暗示着它们真能改善我们的生活。不过，一位明智的朋友指出，只要针对一个问题有多种解决方案，那么我们可以肯定没有一种方案管用。她的狗总是被臭鼬喷臭气，她问别人如何除掉狗狗身上的臭味，每个人都提供了不同的解决方法，但没有一个管用，于是她得出了以上的理论。

市场上有那么多种自助书籍，这可能暗示着没有一本是有效的。毕竟，如果其中一本真的解开了持久幸福的秘密，那么它必然会垄断市场，将其他书都排挤出去。

然而事实正相反，心理自助市场流行着一条 18 个月法则，也就是说，最有可能买自助书的人是那些 18 个月前买过这类书的人。[4]

史蒂夫·萨勒诺（Steve Salerno）在他的书《骗局：自助运动如何让美国变得无助》（*Sham:How the Self-Help Movement Made America Helpless*）中，用 SHAM 代表自助及自我实现运动（Self-Help and Actualization Movement）。他指出公众对 SHAM 的信从带来了巨大的代价。如果相信了自助书中的断言，人们会为失败而自责，进而回避真正有效的疗法。另外，这些自助书提供的建议几乎没有接受过科学的检验，尽管存在很多检验它们的方法。事实上，已经有很多关于如何变得更幸福的很好的科学研究了。然而，大多数自助书作者要么不知道这些研究，要么选择不去探讨这些研究。他们反而会提供一些“祷文”，就像是 21 世纪版的秘方。与 19 世纪主要成分是酒精或可卡因的秘方类似，这些“疗法”让人们感觉良好，但不治病。

你也许会问，这有什么不好吗？只要人们知道他们得到的是什么就好了。也许更好的类比是将阅读自助书籍比作买彩票。只要很小的投入，我们便获得了一份希望。梦想着所有问题能很快解决，但并不指望真的会这样。然而，自助书也许真的是有害的。举一个例子，让我们来看一看有史以来最受欢迎的自助书之一，即朗达·拜恩的《秘密》。2006 年，《秘密》以电影和书籍两种形式发行。两者都取得了空前的成功。DVD 被售出 200 多万张，图书被卖出 400 多万册。

那么，秘密是什么？其实秘密很简单，那就是“吸引力法则”，就是说心里总想着某事，就会让这件事更有可能成真。一旦理解了这条基础的“宇宙法则”，你便可以通过三个简单的步骤来实现所愿。第一，想着你的愿望，关注积极的而非消极的方面。例如，如果你想减掉几斤体重，不要想“我太胖了”，这种消极的想法会让你更胖。而要想你轻松地穿上了最喜欢的牛仔裤，在平坦的小腹上扣上了扣子。这种积极的想法会让你更苗条。第二，相信你想得到的事物，相信它很快会成为你的。依然不要有消极的想法，要想那条牛仔裤很快就会非常合身。第三，接纳你已经心想事成的想法，就好像你终将达成所愿。想象穿着那条牛仔裤会如何，现在就体会那种感受。

所有这些步骤都可以被归结为积极思维的力量。这种理念已经以各种形式被鼓吹了很多年，在《秘密》之前，最著名的是诺曼·文森特·皮尔（Norman Vincent Peale）1952 年出版的《积极思考的力量》（*The Power of Positive Thinking*）。这本书位居《纽约时报》畅销书榜长达 3 年多，共销售 500 多万册。皮尔为建立人们的信心提供了 10 条告诫，很多听起来非常像《秘密》中的内容，如“在脑海中构想出你取得成功时的画面，并牢牢印刻下来……你的头脑会设法实现这个画面”。再如“每当与个人力量有关的消极思维进入脑海时，你要刻意将积极的想法说出来，以消除消极的想法”。[5]

正如我们很快将看到的，科学研究显示，某些形式的积极思维确实是有益的。但是，自助书籍再一次忽视了这一研究，将他们的启示建立在令人质疑的空想上。在朗达·拜恩的情况中，信念系统是新世纪哲学，它不禁让人想起了《达·芬奇密码》。拜恩大言不惭地说，在整个历史过程中，只有少许被选中的人知道那个“秘密”，其中包括巴比伦人、柏拉图、莎士比亚、贝多芬、林肯和爱因斯坦，其他人都被蒙在鼓里，直到她通过在网上搜索，才揭开了这个秘密。

积极思维为什么有如此的力量？《秘密》没有辜负读者的期望，它提供了一种解释，以支持它惊人的断言。原来思维具有频率，它是带磁性的，能够吸引相同频率的事物。而且，人类具有非凡的发射力量：“你发射的频率能够超越城市、超越国家、超越世界，在整个宇宙中回荡。”一旦你渴望的事物接收到这些思维频率，它便会接近我们，因为这些思维是有磁性的。

我并不想在鸡蛋里挑骨头，但脑海里不由得出现了几个针对吸引力法则的科学解释的疑问。发出的思维频率究竟是如何让某些事物突然出现在我们的生活中？假设我对电气经销商的陈列室中摆放的电视机很动心。我向宇宙要那台电视机，相信自己将得到它，并且接收有关那台电视机的积极想法和感受。我的积极思维的频率从我的脑袋里嗡嗡地发出，进入陈列室，因为它们是有磁性的，所以电视机会越来越接近我。不过请等一等，它真的是每天接近一点儿吗？为什么商店的工作人员每天早晨来上班时，发现电视机离装卸处越来越近，却毫不起疑呢？它是不是像圣诞前夜圣诞老人从烟囱里送出的礼物一样？是否存在一些尚未解决的问题？

我知道，我太抠思维频率的字面意思了，它们不是物理意义上的磁性，而是以某种神秘的宇宙方式使梦想成真，就像擦一擦阿拉丁神灯，让灯神跑出来实现你的愿望一样。如果我专注于有关电视机的积极想法，也许醒来时会发现自己中了彩票或者获得一笔意外之财，那可以让我去买那台电视机。这究竟是如何发生的并不清楚，所以才能称之为秘密。我们这些愚钝的家伙，哪里明白宇宙的神秘法则。

不过，如果不只是我一个人想得到那台电视机，那会如何？设想镇子那头的乔也非常渴望得到同样型号的电视机，而碰巧只剩下一台。乔也读过《秘密》这本书，开始用积极的想法思考。我们的思维频率会互相竞争吗？如果乔的想法比我的更积极，电视机是否会更靠近他家，而只有当我调大积极思维的发射量时，它才会悄悄退回来一点吗？此处我又太咬文嚼字了，但令我不解的是，《秘密》取得了现象级成功，那怎么可能让所有人都得到自己想要的东西呢？只有一个人能得到那台电视机或盘子里仅存的一块布朗尼蛋糕。我能想象出来的是，当所有的积极思维在空中相互碰撞的时候，宇宙电波会乱作一团。

除了令人质疑的科学解释外，《秘密》还存在其他一些问题。其中一个问题是，当人们没有成功地吸引到自己想要的东西时，便会受到指责。如果你没有得到那台电视机或最后一块布朗尼蛋糕，如果你很贫穷，或者你无法实现你的梦想，你患了严重的疾病，那么这都是你的错。《秘密》毫不掩饰地表达了这种观点。书中引用的一位专家乔·瓦伊塔尔博士（Dr. Joe Vitale）说："我知道这些话乍听起来很不顺耳。你会马上反驳说：'我没有吸引车祸，没有吸引给我找麻烦的客户，没有吸引债务。'但请恕我直言，是的，你确实吸引了它们。"你确实这样做了，你看，你思考的都是消极的想法。

2007 年 3 月，《周六夜现场》（*Saturday Night Live*）播出了辛辣的模仿秀，暴露了《秘密》固有的粗暴转嫁责任的问题。节目中由演员扮演的朗达·拜恩和奥普拉·温弗瑞访问了达尔富尔，那里是世界上最贫穷、暴力事件最多的地区。而真正的奥普拉·温弗瑞是《秘密》的粉丝，她邀请拜恩上过她的节目两次，之后，书的销量激增。在《周六夜现场》的滑稽喜剧中，奥普拉和拜恩对悲叹饥荒的达尔富尔人表示很轻蔑，谴责他们有消极的念头。这出滑稽喜剧不仅很尖锐，而且也是一种讥讽：《秘密》并不是真的认为达尔富尔的孩子应该为遭受的贫困与饥饿而受到指责。2007 年 3 月，朗达·拜恩在书中引用最多的一位"专家"鲍勃·普罗克（Bob Proctor）接受了《夜线》（*Nightline*）节目主持人辛西娅·麦克法登（Cynthia McFadden）的采访，其中的一段对话如下：

麦克法登：达尔富尔的孩子们正在挨饿，可能会被饿死。

普罗克：是呀。

麦克法登：嗯……是他们自己吸引来了饥饿吗？

普罗克：我……我……我想也许是这个国家吸引的。

《秘密》的另一个问题是，由于它暗示只要人们想着健康、爱和富有，他们便会得到这些东西，因此人们就不会去考虑真正有效的解决方法。朗达·拜恩称，通过想象自己拥有完美的视力，她在3天内治好了自己的远视眼，不需要眼镜就可以阅读了。更令人震惊的是，在这本书中，一位女性声称，她没有接受任何医学治疗，只是依靠疾病被治愈的信念，便在3个月后治好了自己的乳腺癌。“疾病无法在具有和谐思维的身体中存在，”拜恩解释道，“没有什么病是治不好的。”[6]

人们真的会把《秘密》当真吗？有些人确实如此。我的一位朋友在一所备受推崇的文理学院教书。她说，她的一个学生来到办公室，给她一张《秘密》的DVD，并对她说，她应该看一看这张DVD，这可以改善她的生活。一种猜想是，单纯的积极思考没有带给这位学生好成绩，于是他认为，如果让他的教授也看到《秘密》，他们的思维频率就能保持一致，那么他就能得A了。

有些报道已经发现，当人们在《秘密》的梦幻世界中没有解决问题时，便开始寻求疗法；一些人相信积极的思维能带来意外横财，所以毫无节制地购买他们负担不起的东西。你也许会认为这些人是误解了《秘密》的狂热分子，那么请快速浏览一下《秘密》的网站①。点击“给你的礼物”，向下滚动鼠标到“宇宙银行”。在那里你可以下载“宇宙支票”，支票的使用须知写道：“打印支票，填写上你的姓名以及希望获得的钱数和币种。”这样做似乎会吸引来相

① 网站地址：http://thesecret.tv/。在本书出版时该网站已经全面改版，作者文中所描述的“宇宙银行”已由一款手机软件替代。——译者注

应的金钱。去吧，把它填写上！如果运钞车第二天早上载着满满一袋子现金来到你家门口，你要感谢我告诉了你这个诀窍。[7]

然而，无论你填写了多少张宇宙银行的支票，运钞车也不可能出现。不要再为《秘密》这类自助书籍浪费金钱了，除非它们基于真实的科学研究，就像本章后面的内容中描述的研究。首先让我们看一看有关幸福原因的研究。

幸福的源泉

之前我们在思考格斯·戈德西是否是美国最幸福的人这个问题时，曾涉及过财富的积累。确实，富有能带来幸福的观念由来已久。事实上，“幸福”一词最初的定义可以追溯到1530年的《牛津英语字典》。当时的定义是，“有福气或运气好”，这反映出一种信念，即幸福很大程度上来自外部环境，不受个人的控制。心理学家茂弘大石（Shigehiro Oishi）检视了历史上对幸福的定义，他发现直到1961年出版的《韦氏第3版新国际英语词典》（*Webster's Third New International Dictionary*），“福气、好运、富裕”才被认为是过时的幸福定义。幸福不是人们无法控制的事情，而是愉悦的内在状态，或者个人的愿望得到了满足。茂弘大石认为，随着历史发展，生活变得愈发可控，所以幸福不再被看成是命运的一时心血来潮，而是人们可以努力去实现的东西。[8]

这并不是说幸福完全在我们的掌控之中。事实上，幸福有很大一部分是由我们的基因决定的。对于遗传了许多“幸福”基因的人来说，这是一个好消息，而对于没有遗传这种基因的人来说，则是一个坏消息。我相信很多人不会对此感到很吃惊，因为我们都知道，有些人天生就是乐天派，有些人则总是郁郁寡欢，即使是在最令人开心的时刻，他们也只是露出一丝笑容。另一件很难改变的事情是我们生活所处的经济、政治环境，如我们是碰巧生于一个侵犯人权、充满贫困和暴力、政治不稳定的国家中的穷苦家庭，还是出生于一个像美国这样政治稳定的国家中的优渥家庭。例如，研究显示，生活在津巴布韦的人是世界上最不幸福的人之一。2009年，一位美国记者在访问布拉格期间，解释了捷克人看起来如此阴郁的原因。

> 在地铁和电车上，没有人听音乐、阅读或微笑。几乎每个人都低着头，盯着地上的某个点。20世纪90年代，当游客开始涌入这座城市时，他们注意到布拉格没有人会开怀大笑。这是几十年修整的结果。“如果你与众不同，如果你引起了别人的注意，那么你就是嫌疑犯。你永远不知道谁在观察你，所以人们一味退缩。”[9]

公平地说，在国际调查中，捷克国民所报告的幸福水平高于其他几个周边国家，如亚美尼亚、摩尔多瓦、白俄罗斯和乌克兰。但他们的幸福水平比诸如丹麦、加拿大、爱尔兰和美国等国家的居民低很多。[10]

除了经济、政治条件外，还有一些生活状况不是我们能够完全控制的，但它们会对幸福产生很大影响。例如良好的健康状况，以及足够满足基本需求的金钱。另外，还有充满爱心的家人和朋友。

事实上，幸福研究者会告诉你，最可靠的幸福预测因素是人际关系的质量。我们是社交动物，经常与朋友、家人交流，这对我们的幸福至关重要。

健康、金钱和爱在一定程度上是可控的，当然，如果它们完全处于我们的控制之中，那么就不会有人死于癌症，贫困也将消失，也不再会有寂寞之心俱乐部了。

因此，从基因和生活环境来看，幸福有一部分掌控在我们的手中。一些幸福研究者试图估计幸福中不可控因素的比例，例如他们认为，50% 的幸福是由基因决定的，10% 是由生活环境决定的。我并不觉得这种数字有什么意义，因为基因并不独立于环境的影响，两者以复杂的形式相互作用。正如新兴的实验胚胎学所示，环境条件能够影响某些特定基因的激活和表达。例如，当人们处于极大压力下的时候，“坏脾气”基因很有可能被激活，否则便会处于休眠状态。另外，生活环境的性质是极端的还是适度的，也会影响环境作用的大小。我怀疑生活在津巴布韦的人们会赞同，生活环境只占他们幸福的 10%。

策略空间

当然，为了获得幸福，只有好基因和舒适的生活环境是不够的。如果这就是幸福的全部的话，那我们与哺乳类的近亲，包括猪就没有很大区别了。只要有充足的食物，在天气转暖时能舒服地在泥坑里打滚，猪便会觉得很满足。有人也许会认为，我们和猪没有什么不同，只是我们的需求比洗泥浴更复杂。如果给予我人类版本的舒适生活条件，如豪宅、大屏幕电视，拉风的汽车装满了 3 个车位的车库，那我也会像猪一样幸福。然而，正如我们在格斯 · 戈德西的情况中看到的，这种观点是有缺陷的。就算拥有足够的资源，能够满足基本需求，外加豪车和豪宅，也不是所有人都能长时间地变得更幸福。总之，让人们幸福的不是物质产品。

那是因为我们和猪之间存在很大差别：我们拥有巨人的脑，有充分发展的前额叶。利用它们，我们可以思考自己的生活环境以及在世界中的位置。我们要找到生活的意义，获得亚里士多德所说的积极的幸福，即具有目标感和美德的美满生活。我们如何定义“美满生活”和“美德”？这个问题令哲学家们思索了若干个世纪，我当然不想在这里回答它。我的重点在于，幸福至少有一部分取决于我们如何思考自我及我们在世界中的位置。这不只与物质有关，还与我们对生活的个人看法有关。

不过，我并不是想说，幸福孤立地存在于我们的大脑中，与现实无关。我从来不认为，生活在津巴布韦的居民只要能对自己的命运有更好的诠释，便能幸福起来。我也不认为，我们应该只聚焦于个人观点，而不去改变行为。如果要给出一条过得更幸福的建议的话，我会建议多花时间与朋友和所爱的人在一起。因为，正如我们看到的，幸福的最佳预测因素是人际关系的质量。

幸福有一部分在我们的头脑中，即使客观条件保持不变，但某些看待世界的方式使我们比别人更幸福。

美国有很多中年股票经纪人，但只有格斯·戈德西对生活的观点让他比其他人更幸福。另外，某些类型的观点会让人们作出能带来幸福的行为，例如使别人与他们更亲密。

什么样的观点能让我们幸福呢？研究揭示了三个关键要素：意义、希望和目标。第一个要素有助于解答有关人类存在的最基础的问题，而我们在世界中的位置使我们能够理解有时会发生坏事情的原因。第二个要素有助于培养乐观的精神，不是因为乐观的想法能够把东西吸引过来，而是因为乐观的人能够更好地应对逆境。第三个要素有助于我们把自己看成是设定目标并逐步实现目标的主人公。换句话说就是，具有目标感。好消息是，每个人都可以做一些简单的故事编辑练习，努力在这些方向上塑造我们的观点。

寻找意义

正如我们所见，人和其他动物的主要区别在于，我们拥有更大的脑，能够用它构建复杂的理论，解释世界中正在发生的事情及其原因。这给予了我们巨大的优势，毕竟我们是驯养猪，并将它作为食物来源的人。但是，思考、估量、反思能力的代价也很大，那就是我们知道自己会死去。到目前为止，据我们所知，人类是唯一知道自己终有一死的物种。我们会在晴朗的夜晚仰望漆黑的天空，思考自己是多么渺小，我们在地球上的时间是多么短暂，自己只不过是无尽宇宙中暂时存在的一颗微粒。是不是有点紧张？这些想法是如此令人不安，于是我们发展出了能带来慰藉的叙述。这些便是核心叙述。

核心叙述是解释天地万象、生命目的及身后之事的世界观。当我们凝视天空之时，当我们将自己视为无足轻重的微粒而感到恐惧时，核心叙述将会抚慰我们的心灵。[11]

宗教是核心叙述的重要来源。事实上，所有信仰都解释了人类是如何出现的、我们应该如何生活以及死后会发生什么。很多研究显示，有信仰的人比没有信仰的人更幸福。然而，要得到这种好处，你不能只是去当地的宗教场所，填写一张入教申请卡。如信仰宗教的人只有真的非常虔诚，而且他们所爱的人与他们能够共享这种信仰时，他们才会感到幸福。如果他们的信仰是支离破碎的，没有被整合到完整的生活中，如果他们所爱的人不支持这种信仰，他们便不会比其他人更幸福。研究还显示，相信鬼和地狱的人比较不幸福。显然，担心自己落入撒旦的一边，并将在永恒的烈火中受煎熬的人，不会比那些相信自己肯定会进入伊甸园的人幸福。[12]

核心叙述并一定要是宗教性质的。正如约翰·列侬唱的“能让你度过黑夜的任何事物”都能减少存在的恐惧，只要那是一套能够解释生命秘密的统一信仰。成为一个爱猫人士甚至也是有效的。[13] 山姆·格罗斯（Sam Gross）漫画中的导师肯定比李·洛伦兹（Lee Lorenz）在一幅漫画中所描绘的导师幸福。李·洛伦兹的导师坐在山顶，穿的T恤上面写着：“生活就是一团糟，然后你就死了。”我们都需要核心叙述来解释生命中最基本的问题。

在很大程度上，我们从文化、父母和宗教中获得核心叙述。提供给我们的是现成的信仰系统，对很多人来说，这很好。我们也许和父母一起去教堂，继续信仰某种宗教，并对它给予的精神引领感到很满意。然而有些人在生命中的某个时段，会质疑自己的核心叙述，认为从小接受的宗教不能解答所有的问题，或者有关“美好生活”的主要文化观点不适合他们。如果他们很幸运，便能够找到新的核心叙述。

那些纠结于基本信仰的人会如何？有些人不再相信童年时的核心信仰，但又没有找到有说服力的新叙述。我担心对此没有简单的解决方法，我们不能挥舞魔杖，让人们突然信仰基督教、犹太教或猫咪的奇迹。不过，大多数人至少有一些核心信仰，它们可能是我们的政治观点、对社会变革的愿望，或是对体育运动的热情。用安妮·萨沃伊（Annie Savoy）的话说就是，通过电影《百万金臂》（*Bull Durham*），“我相信了棒球的教会”。为了发展和证实这些信仰，我们可以做的一件事就是与我们有类似信仰的人在一起。写到这里，我有些不情愿，因为只找与我们有共同信仰的人，而回避与我们自己信仰不同的人，不是拓展心智的好方法，而且这可能也导致了如今很常见的极端化观点。但事实是，与共享核心价值信仰的人交往是一种增强和证实那些信仰的方法。

另外，当我们最基础的核心信仰受到挑战时，如想到自己终将死去的时候，其他人能让我们感到安慰。2001 年 9 月 11 日，当美国人刚听说恐怖袭击时，很多人的第一反应是寻求爱人的慰藉，即使是陌生人也能减少我们的焦虑。一位朋友曾给我讲过一个故事。当时她乘坐的飞机的引擎出了故障。机长宣布他不得不紧急着陆，而且完全不确定是否能安全着陆。当飞机摇摇晃晃地接近地面时，坐在我朋友旁边的一位老人问她是否介意和他拉着手。之前她没有和这位老人交谈过，但毫不犹豫地答应了他的请求。飞机在跑道上一路颠簸、磕磕绊绊，最后安全停稳，过程中他们紧紧地把手握在一起。我的朋友说，这个小小的举动让她得到了莫大的安慰。与某人，即使完全是陌生人，手拉手地面对绝境，也比独自一人更令人安心。[14]

理解挫折

拥有对生命中基本问题的核心叙述是非常重要的。让我们假设自己拥有一致的叙述，它可以让我们远离恐惧，而且心爱的人与我们享有共同的观念。那真是太棒了，但我们仍会经历不时出现的挫折、困难和磕磕碰碰。我们理解和解释消极事件，如关系破裂、生意失败或身体问题的方式越好，便能越快地从这些事件中恢复过来。显而易见，某些类型的解释比其他解释让我们感觉更好。正如我们很快将要看到的，对于不好的结果，乐观主义者会作出比悲观主义者更积极的解释。这使他们能够更好地应对坏结果，并较快地恢复过来。另外，对消极事件获得一些理解也比完全不理解更可取。事实上，当处于不确定状态时，不管是不确定为什么可怕的事情会发生在我们身上，还是不确定消极事件发生的可能性，我们都会感觉非常不好。

例如设想你现在 20 多岁，你的母亲或父亲死于亨廷顿氏舞蹈病。这种病会引起大脑神经逐渐退化，到中年时，患者会因病去世。这种病具有遗传性，如果你的父母中有一个人患有这种病，那么你有 50% 的可能患病。不过，亨廷顿氏舞蹈病的症状通常要到 30 多岁或 40 多岁才会表现出来，所以你必须忍受很多年不确定的生活。最近，一种基因检测方法被研究出来，在大多数情况下能够确定你是否遗传了致病基因。你可以接受检测，得到一个好消息，即你没有遗传到这种基因，或者得到一个坏消息，即你有这种基因。由于没有治愈亨廷顿氏舞蹈病的方法，所以你会在中年时死去。你愿意接受检测吗？也许你认为最好的做法是不去理它，顺其自然。

然而，至少有一项研究发现，那是一个错误的决定。研究人员研究了一些有 50% 可能患亨廷顿氏舞蹈病的年轻人，他们同意接受基因检测。他们分别在知道检测结果之前、刚知道结果时，以及知道结果 6 个月和 1 年后，都接受了有关抑郁和幸福感的测量。当然，那些得到坏消息的人一开始极为震惊、不知所措，他们比得到好消息的人要痛苦、抑郁得多。然而，在 6 个月和 1 年后，两组人的差别便不大了。知道自己会在中年时死去的人并不比知道自己没有患病的人更抑郁，幸福感也差不多。得知自己具有致病基因的人可以说听到了人生最糟糕的消息，但 6 个月后，他们的幸福程度和其他人没什么分别。

更令人震惊的是第三组的结果。第三组中的人要么是检测结果不确定，要么是选择不接受检测。研究之初，在基因检测之前，他们像其他人一样快乐，拥有良好的适应性。但随着时间的推移，这组人的表现最差。一年后，他们比其他两个组，包括知道自己遗传了致病基因的组，明显表现得更抑郁，幸福感也更少。也就是说，知道自己没得病和知道自己会早死的人，比知道自己有一半概率不得病的人更幸福。

这项研究说明，人们很擅长理解糟糕的消息，哪怕是最糟糕的消息。那些知道自己遗传了亨廷顿氏舞蹈病的人将这个消息吸收进他们的叙述中，在其中找到了一些意义，从而接受了这一事实。也许他们依靠宗教信仰，相信这是上帝的意志；也许他们认为自己虽然生命比较短暂，但可以过得很充实。而不确定自己健康状态的人，不会经历这种改变叙述的恢复过程，因为一直存在着他们没有这种基因的可能性。也就是说，不确定的人不知道要去理解什么，而确定的人则可以开始理解、解释这个最冷酷的结果，为它创造意义。通过这种做法，他们得到了适应，并恢复了过来，因为我们一旦理解了某事的意义，知道它发生的原因，就不会总去惦记它，它的影响便会减弱。[15]

因此，理解消极结果是从中恢复过来的第一步，这是生活中已经展现出来的原则。例如，针对丧亲之痛的研究发现，从悲痛中恢复得最快的人，是那些能为亲人去世找到某种意义的人，在这里宗教信仰会有帮助。很多形式的心理疗法都会为来访者提供一个理解他们的问题和经历，如童年创伤的框架。在理解了这些问题后，他们便不会总去想它了。正如伊恩·麦克尤恩（Ian McEwan）的小说《爱无可忍》（*Enduring Love*）中的人物所说的："人们常谈论不寻常的事情如何很快变成了司空见惯的事……我们是很容易适应的生物。按照定义，可预测成了背景，让注意力变得有条不紊，因此能够更好地应对不符合规则或意外的事情。"[16]

如果我们没能成功地让创伤性事件变得可理解、可预测，那会如何？是否有可以在日常生活中使用的、能够加速这一过程的故事编辑方法？确实有这样的方法，而且我们在第 1 章中已经看到过其中一个，那就是彭尼贝克的书写练习，当人们与问题已经能保持一定距离的时候，在连续的 3 到 4 天中，每天至少用 15 分钟来写出对这个问题的感受。正如我们看到的，这种方法很简单，但在理解生活中那些令我们困惑、烦恼的事件上，在让我们作出判断、继续前进方面，它却非常有效。

后来的研究发现，当符合以下两个条件时，书写练习的效果最好：（1）人们可以与事件保持一定的距离，思考这个事件不会让他们承受不了。（2）他们能分析事件发生的原因。为了理解这一点，你可以花点时间想一想过去的某个时刻，当时你觉得对某人非常生气或充满敌意。也许那是欺骗过你的旧情人，或是专门找你茬、让你每天的工作都痛苦不堪的可怕老板。如果你和大多数人一样，那么当想到这些时，你就好像又回到了那段日子，再次体验了当时的情况。你看到老板无缘无故对你咆哮的时候，他脖子上暴起的青筋；你回想起老板叫你去他的办公室，把你用几周的时间准备的报告撕成碎片的痛苦情境。当再现这些情节的时候，你有何种感受？研究显示，这种“沉浸”策略会使人们再次体验到消极情绪，并陷入对事件的反复思考之中，还会触发不健康的心血管反应，如血压升高。从根本上说，再现过去的事件，但对它的理解并不比以前更多，那只会导致糟糕的结果。

现在设想你采取另一种方法。不是沉浸在过去的体验中，而是退后一步，从中立的观察者视角看待事件的发展。然后你专心分析自己会有那样的感受的原因，而不是去体验感受本身。以下是从检验“退后，问为什么”方法的研究中摘录的指导语（在本章末有完整的指导语）：“回到那段经历发生的时间和地点，在脑海中重现当时的情境。现在退后几步，从当时的情境中走出来，在可以保持一定距离来观察事件的位置看事件中的自己……在你看着事件在自我面前展开的时候，试着去理解当时那个人的感受。为什么他或她会有那些感受？”

一些研究使用第 2 章描述的实验方法，检验了这种“退后，问为什么”策略的有效性。例如在一项研究中，研究人员要求被试去想自己“感到怒不可遏或充满敌意”的时刻，就像刚才我让你做的。然后被试被随机分配到沉浸在自己的感受中或采取保持距离方法的组别中。每一组中有一半被试被要求专注于当时他们所体验到的感受，另一半被要求思考感受背后的原因。这样就有了 4 个实验组：（1）沉浸并专注于自己当时的感受的组；（2）沉浸并思考原因的组；（3）与自己保持距离，并专注于自己当时感受的组；（4）与自己保持距离，并思考原因的组。

只有一个组从书写练习中获益，那就是与自己保持距离，并思考原因的组。只有这些被试能够采取平心静气的方法，从而重构了事件，并从中发现了新意义。例如，“我现在发现，老板的愤怒可能主要是因为他即将离婚，而与我无关。现在看来，我必须承认，我本可以作出更好的报告。”通过重构事件，这组被试的消极情绪较少，也较少反复思索这个事件，其血压能保持平稳。虽然这听起来很简单，但我们很容易忘记这样做，因为大多数人的天生倾向是，沉浸在过去令人怨愤和烦恼的事件中，在头脑中重演当时的对话，并让我们再次感觉很糟。

下一次，当你想到一件令你心烦的往事时，记住要退后一步，保持一定距离来分析这个事件，平心静气地思考它会发生的原因。总之，不要再次描述这个事件，而是要退后一步，重构对它的解释。[17]

不确定的快乐

在回想令人愉快的事件时又如何呢？我们是否也应该采取保持距离的策略，尽量去理解这些好事会发生在我们身上的原因？这样做具有明显的好处，毕竟，明白了在聚会上为什么充满魅力的陌生人会对我们微笑，或者为什么老板喜欢我们的报告，便更有可能让这类事件再次发生。不过这里存在一个悖论，正如理解并解释消极事件会减弱它们的影响一样，理解并解释积极事件也会如此。也就是说，降低消极事件的不确定性，尽可能理解它们，是从消极事件中恢复过来的好方法。但这也同样适用于生活中的快乐：如果我们降低了它们的不确定性，对它们理解得太透彻，便会剥夺这些事件带给我们的愉悦。我和同事称这种现象为“不确定的快乐”（pleasure of uncertainty），以此揭示延长积极事件带给我们快乐的小秘密。

例如，在一项研究中，一位研究助理来到独自在图书馆里学习的学生身边，给他们每人一张附有1美元硬币的卡片。助理说："祝你今天过得愉快。"然后走开。想象你是那个收到意外礼物的人。你可能会疑惑，为什么一个陌生人要给你1美元，而且你会在卡片上找答案。卡片上的文字并没有多大帮助，上面写着："微笑协会，一个学生社区的非宗教联盟"以及"我们乐于促进随机的善意行为。"这让你对谁给了你1美元有了点线索，它不是试图改变你的信仰的宗教派别。但这件事依然令你很迷惑。我们估计，这种神秘性能让人们将注意力集中在礼物上，延迟他们获得礼物的快乐。情况有时候正是如此：当另一位研究助理走向学生，请他们完成一个简短的调查时，调查显示，他们当时的心情很好，比控制组那些没有得到礼物的学生的心情更好。

我们怎么知道是卡片的神秘性延迟了他们的快乐呢？我们增加了另一个条件，那就是给予一些人同样的礼物，但尽量减少它的神秘性。我们对卡片上的文字做了微妙的改变，也就是在之前提到的文字前增加了一个问题："我们是谁？"接下来的回答与另一组被试看到的相同："微笑协会，一个学生社区的非宗教联盟。"之后在"我们乐于促进随机的善意行为"的前面，我们又插入了一个问题："我们为什么要这样做？"换句话说就是，这组被试获得的信息与第一组被试相同，但提供信息的方式是问答形式。我们估计，这会让被试觉得自己明白了为什么陌生人会给他们1美元。我们还假设这种理解会让被试不再思量这件事，他们更有可能把精力转回到学习上，因此缩短了礼物带来的快乐。正如我们所估计的，当研究助理找问答条件组的被试做调查时，他们报告的积极情绪比第一组被试报告的积极情绪要少。其他看到卡片的学生证实了我们的预感，问答形式的卡片显得更好理解，神秘性更少。[18]

似乎存在一个快乐悖论：人们想要理解生活中的好事，这样他们便能再次体验到它，但这样做会减少他们从这个事件中获得的快乐。

另外，快乐悖论也解释了一种提高幸福感的流行方法并不总是有效的原因。这种方法就是写感恩日记，即把生活中值得感恩的事情写下来。尽管这看起来像是暂时停下脚步，闻一闻花香，以此增加幸福感，而且研究显示写感恩日记能够让人们更幸福，但其他许多研究发现，这种做法对人们的幸福感没有影响。我认为，感恩日记的方法之所以无效，是因为人们通常会花时间思考发生在自己身上的好事，因此，当他们坐下来写这些已经获得理解的事件时，会减少事件对他们的神秘感。

例如，当我的文章第一次被专业期刊发表的时候，我兴奋极了，心想："也许我真的能成为一位研究型心理学家。"好多天我都沉浸在好消息的喜悦中。然而，当后续的文章陆续被发表后，回想起来，这件事似乎不再对宏大的计划具有非常重要的意义了。当想到这些文章时，我会心存感激，但老实说，停下来闻一闻某朵玫瑰对我当下的心情没有什么影响。用麦克尤恩的话说就是：不寻常的事情变成了司空见惯的事。幸运的是，有解决这个问题的方法。

不要把令你心存感激的事情写下来，而要试着写如果这件好事不发生将会如何。

我和同事把这称为"乔治·贝里方法"。你也许还记得，在电影《美好生活》中，天使给乔治展示了，如果他从未出生，世界将会是什么样。天使没有让乔治细数自己的好运，而是让他看到这些好运如果未曾降临的世界。与之类似，在研究中我们让人们想象从生活中剔除他们珍爱的事物。例如在一项研究中，研究者让幸福的夫妇想象，如果他们从来没有遇到过彼此，或遇到后没有开始约会，或约会后没有结婚，那生活会是什么样子。其他被试则被随机分配到另一组，研究者要求他们写下他们与伴侣如何相遇、如何开始约会以及最后如何生活在一起的事实。

在告诉你这项研究结果之前，想一想你愿意做哪个书写练习。你更愿意设想如果没有和伴侣结婚可能会有的生活，还是讲述你最终与伴侣生活在一起的故事呢？如果你和我们的被试一样，便会完全倾向于选择后者，因为你估计那会让你更幸福。毕竟谁都不愿意总去想象错过了与未来伴侣巧遇的那个聚会。然而事实上，被随机分配到这个组的被试，报告从婚姻关系中获得的幸福感比另一组，即讲述与伴侣相遇故事的组更大。后一个组无疑已经无数次地讲述过这个故事，再讲一遍对他们不会产生什么影响。但是想象生活中最重要的事情之一本可能不发生，却是令人吃惊和特殊的，也许还有一点儿神秘感，这正是延长好事愉悦感的条件。[19]

重申一下，幸福感的关键因素是我们如何理解发生在我们身上的事情，以及如何理解它会发生的原因。

不过到目前为止，我们还没有探讨太多我们理解积极和消极事件的方式，这当然很重要。想一想接受基因检测，并发现自己患有亨廷顿氏舞蹈病的人，那些对此作出积极解释、决定要过最充实的生活、把想做的事情都做了的人，会比自怨自艾、认为自己一定做了什么才遭此厄运的人更幸福。与之类似，正如我们在第 1 章中看到的，考试没考好的学生，如果把这解释为需要他全力以赴地去学习，而不是解释为他没有能力上大学，那么他的情况会改善。最糟糕的状态就是不确定消极事件的本质或发生的原因。同时，某些理解和解释消极事件的方式比其他方式更好，如果能在坏消息中找到一线希望就更是如此。

希望的积极力量

让我们再来看看那个考试没考好的学生。研究表明，他解释自己糟糕表现的方式对他的幸福感和未来表现非常重要。将消极事件归咎于自身很难改变的因素的人，会在生活的各个方面体验到习得性无助，使他们更有可能抑郁、健康状况欠佳、对未来的期望比较低，并更有可能轻易放弃未来的任务。将消极事件归咎于自己能够改变和控制的事情的人，有抑郁和健康问题的可能性较小，当环境变得很艰难的时候，他们会更加努力地尝试。在第 1 章我对大学一年级新生的研究中可以看出：知道很多学生在大学一年级时都有过学业问题但后来得到改善的学生，对自己未来也能改善学业成绩产生了希望，而他们也确实如此。控制组的学生没有得到“坏成绩只是暂时的”信息，因此学业成绩没有取得类似地提高。[20]

一般来说，对生活充满希望、具有乐观展望的人比对生活感到无望悲观的人更幸福、更健康。花点时间回答下一页的问卷，计算你的分数。这个问卷叫作“生活取向测试（修订版）”，它通常被用来测定乐观程度。[21] 研究已经发现，在这个测试中得分越高就越幸福，因为他们更善于应对生活中的创伤。例如，乐观主义者患产后抑郁症的可能性较小，即使进行心脏搭桥手术及被诊断患有癌症，他们也不会太过苦恼。根据内科医生的报告以及对心脏病发作后生存时间的测量，乐观主义者的身体通常更健康。

REDIRECT

生活取向测试（修订版）

THE SURPRISING NEW SCIENCE OF
PSYCHOLOGICAL CHANGE

说明：根据你自己的情况，回答以下问题，用0～4分表示你的赞同程度。

0=非常不同意　1=不同意　2=中立　3=同意　4=非常同意

尽可能做到诚实、准确，不要让对某个问题的回答影响了对其他问题的回答。回答无所谓对错。

1. 在不确定的时候，我通常做最好的预期。
2. 我很容易放松。
3. 如果我可能出什么问题，那肯定会出。
4. 我对自己的未来一直很乐观。
5. 我很喜欢我的朋友们。
6. 保持忙碌对我很重要。
7. 我几乎不期待事情能如我所愿。
8. 我不太容易心烦意乱。
9. 我很少指望好事能发生在我身上。
10. 总的来说，我认为发生在我身上的好事比坏事多。

评分

A. 对问题3、7、9反向计分。也就是说，如果你的回答是0，那么把它改成4；如果是1，就改成3；如果是3，就改成1；如果是4，就改成0。

B. 把你对问题1、3（反向计分）、4、7（反向计分）、9（反向计分）和10中的得分汇总。不要管对问题2、5、6、8的回答。它们是补缺的问题项。

你的分数越高就说明你越乐观。这个量表的作者发现，大学生的平均分数是14.3。男性和女性在乐观程度上没有显著差异。

这一研究似乎与很多自助书，如《秘密》和《积极思考的力量》等书中的内容是一致的。为了达成愿望，我们只需要有积极的思维。但是这可不仅仅是坐在沙发上，想一想积极的事情就能如愿以偿的。相反，研究显示存在一种能让人们更幸福的积极的行为方式。

真正让乐观者与众不同的是，在面对逆境时，他们有更好的应对策略。他们面对而不是逃避问题，为未来制订更好的计划，专注于他们能够改变和控制的事情，遇到困难时，他们会坚持而不是放弃。

乐观主义者不是把头埋在沙子里，无视现实。如果因为自信坏事不会发生在自己身上，于是就放纵地抽烟，想吃什么就吃什么，在州际公路上以 190 公里的时速飙车，显然对人们没有好处。相反，乐观主义者看到的是真实的世界，承认道路上的障碍，但同时相信，通过精心的计划并付出加倍的努力，他们便能够克服这些困难。总之，乐观主义者不只是坐在那里空想积极的事情，他们具有适应能力，具有健康的应对世界的方法。[22]

所有这些会引发一个问题，即是否有可能变得更乐观。如果你是那种悲观的人，那么是否有方法能改变你的观点，让你变得乐观？坏消息是，乐观有一部分源自根深蒂固的性格，不完全是可塑的。事实上，有证据证明，乐观就像幸福感一样，部分是由基因决定的。

不过，就像幸福感一样，其中存在着机动空间。利用故事编辑方法，人们能够变得更乐观。在一项研究中，大学生们参加一门团体课程，教授他们用积极的思维来替代消极的思维；同时，展开积极的想象，在想象中，他们生动地看到了积极的结果，如获得了渴望的工作；对消极结果，如没有获得渴望的工作，则采取了积极的应对措施。他们还要完成“一线希望”练习，在练习中，他们至少要找到消极情况的一个积极方面，例如，“虽然我没有得到纽约的工作，但至少我不必远离家人了”。研究人员要求学生们自己做一周练习。在一周结束后，与被随机分配到控制组的学生相比，接受过“乐观培训”的学生报告的积极思维更多，感到对解决问题更有所准备，而且在创意性问题解决的任务中表现更好。[23]

尽管这项干预是成功的，但它需要在帮助者的引导下做练习。幸运的是，有一种你可以自己做的练习。以下是练习的方法：在连续的4天中，每天用20分钟去想象并书写未来的生活。想象“一切都获得了最好的发展”，并实现了你的人生梦想（本章末尾有确切的指导语）。完成这个“未来最好的自我”练习的大学生，与被随机分配去写中性主题的学生相比，在前面的生活取向测试中表现得更乐观，对生活的满意度更高，而且不只是在当时，3周后依然如此。在研究开始的5个月后，完成“未来最好的自我”练习的学生比写中性主题的学生明显较少去看病。[24]

这样一个简单的书写练习真的有用吗？我们要注意做这个练习的方式，避免像斯图尔特·斯莫利（Stuart Smalley）一样，只是背诵出积极的陈述。斯莫利是阿尔·弗兰肯（Al Franken）在《周六夜现场》中创造的一个虚构人物，他对着镜子反复说：“我很优秀，很聪明，人们都喜欢我。”斯莫利让人想起了现实生活中的埃米尔·库艾（Emile Coue），他是一位法国作家，在近一个世纪前，他建议人们反复对自己说：“每一天，我都变得越来越好。”不过，事情没那么简单。事实上，对于那些自我评价较低且恰是需要激励的人，斯图尔特·斯莫利的方法反而会有反作用。在一项研究中，具有高自尊或低自尊的被试被随机分配到斯图尔特·斯莫利方法组，即每15秒重复一遍“我是一个可爱的人”，或不重复任何语句的控制组中。对于本就自我感觉良好的人来说，他们从这种重复中获得了微小的好处：与控制组相比，他们的情绪稍微有所提升。然而那些低自尊的人变得更加意志消沉。对于低自尊的人来说，重复“我是一个可爱的人”只能让他们想到自己不可爱的各个方面，让他们变得更加忧郁。[25]

为什么重复“我是一个可爱的人”没有用，而在连续 4 天中每天用 20 分钟写“一切都获得了最好的发展”却是有帮助的？

只是想自己有多棒并不能使我们拥有让自己真的变得很棒的策略。而通过想象未来事情会发展得多好，我们的注意力会集中在实现这些目标的方法上，会思考为了实现这些目标，我们需要做什么。

研究确实发现，专注于实现心愿过程的人，比只是想着结果本身的人，更有可能达成目标。因此，如果斯图尔特·斯莫利每天能花 20 分钟想一想通过什么方式变得很优秀、很聪明，那就比只是对自己这样宣称更有效。[26]

这项研究强调了诸如《秘密》这类心理自助书存在的一个主要问题。根据《秘密》的说法，我们所要做的只是坐在沙发上，想一想我们想要的东西，然后心愿就会神奇地实现。人们被告知，他们不必做任何事情，不用为了减肥而节食，也不用为了得到好成绩而学习。事实上，如果通过积极思维我们就能获得自己想要的东西，那为什么还要节食或学习呢？这种想法是危险的。与之相反，我们刚才看到的乐观干预，如“未来最好的自我”的书写练习，不是简单地灌输积极的想法，而是改变了人们解释事件的方式，使他们更容易作出有利的行为。例如，乐观主义者更有可能坚持节食，因为他们相信自己能成功。相信通过刻苦学习能改善自己成绩的大学生确实学习更刻苦。[27]

目标感

到目前为止，我们已经看到，幸福的人的叙述能够提供意义，特别是针对坏事发生的原因，同时对未来也怀有乐观、充满希望的展望。

好叙述还会有一个强大的主人公，一个负责任、努力实现目标的主导者。

拥有这类叙述的人感到能够掌控自己的生活，能自主选择目标，并会朝着目标一步步取得进步，他们比其他人更幸福。因此，我们应该努力像《夺宝奇兵》中的印第安纳·琼斯追寻失落的“约柜”一样，或像《古墓丽影》中的劳拉寻求灵光三角一样。当然我们不可能都成为虚张声势的探险家或掌握多国语言的盗墓者，但幸运的是，这些不是唯一可以让我们觉得自己高效和有能力的方法。很多非常喜欢自己工作的会计、教师、医生、律师、社会工作者，以及任何职业的人都会具有这种感受。只要在工作以外有让我们投入热情去追求的事情，如志愿者工作、家庭或爱好，我们便不必在职业上寻找目标。重要的是，要追求能给予我们自主感、效能感和掌控感的目标。鉴于社交关系对幸福非常重要，因此如果对目标的追求能够拉近我们与其他人的关系，那就更好了。[28]

不是每个人都有选择生活道路的自由，特别是那些生活极度贫困的人。然而，对于大多数人来说，在为自己设定目标方面还是具有一定自主权的。想一想大学生的职业选择。作为一名大学教授，我跟很多学生交流过他们毕业后想做什么。毫不奇怪，很多学生想从事薪酬高的工作。例如，我记得有一位学生告诉我，她打算申请法学院，不是因为对法律有特别的兴趣，而是因为律师能赚很多钱。我们可以将她的动机与另一位申请法学院的学生作比较。另一位学生的父亲是牧师，他建立了流浪者庇护所。这位学生也投身于帮助他人的事业中。法律学位使她能够为穷人提供他们负担不起的法律服务，实现她战胜贫困的目标。

让我们快进到5年之后，想象一下这两位学生的生活会如何。第一位学生完成了法学院的学习，在一家知名的法律事务所谋到了差事，每月有6位数的工资。她实现了财务自由的目标。然而，她对自己的生活没有控制力，不能从自己所做的事情中获得满足感。她不得不一周工作80个小时，无论白天还是夜晚，只要还没有睡觉，就得在1小时内答复客户的邮件。由于日程排得很满，她每晚睡觉的时间少得可怜。她对自己处理的诉讼的细节没有兴趣，在工作中也没有朋友。事实上，工作中的竞争很激烈，好几个助理在竞争数量有限的合伙人职位。

第二位学生也完成了法学院的学习，在家乡的法律援助办公室找到了一份工作。尽管工资远不及私营律师事务所那么高，但足够维持生活。而且，可选择的诉讼案件的范围相当广。最近，她决定对一个房东提起集体诉讼。这个房东在城镇极度贫困的区域拥有一些不合规格的住房。她的办公室里充满了团队精神，毕竟没有人是为了钱在这里工作的，而且也不必竞争数量有限的合伙人职位。她和其他几位新律师关系融洽，在工作之余会一起出去消遣。

显然，第一位律师的财富能够为她提供第二位律师无法拥有的机会，如在最好的区域买房的能力，以及可以提早退休。但是，第二位律师拥有许多其他第一位律师无法拥有的优势，这也是年轻人在筹划未来时常会忽视的。她拥有自主感、效能感和掌控感，并与其他人建立了亲密的连接。关注银行账户的数字可能很重要，但我们不应该以充实的生活为代价。

第二位律师可能更幸福的另一个原因是，她遵守了第1章中探讨的“做好事，成好人”的原则。我们都是自己行为的观察者，通过观察自己做的事情得出对自我的结论。就像大多数人会敬佩第二位律师付出了可观的收入代价去帮助他人一样，她也会敬佩自己。研究显示，帮助他人的人比一般人更幸福。他们更有可能与他人建立连接，更有可能认为自己是高效的、有价值的人。例如，格斯·戈德西将大量时间投入到慈善组织和社区组织的志愿者工作中，也许并非偶然。20年前，他开始在感恩节和假期开车发放食物和玩具，最近，他创立了为老年人集资的基金会。

获得目标感的最好方法是找到一种你能乐在其中的、帮助他人的活动。[29]

方法园地

在本章中，我们运用故事编辑的方法来获得幸福。我们看到，幸福的叙述是那些给予人们意义、希望和目标的叙述。我们还可以用一些方法来修订这些叙述，其中包括书写练习、保持目标感以及“做好事，成好人”的方法。研究显示，这些方法都能让人们更幸福。如果你想尝试一下，下面有具体的指导。

彭尼贝克的书写练习。目前，生活中是否有特别令你担忧或烦恼的事情？如果这件事已经在你的心头萦绕了数周，而且还时不时地搅动你的思绪，那么你也许想尝试一下彭尼贝克的书写练习。找一个安静、私密的地方做书写练习。连续3到4天，每天至少用15分钟，全身心投入地写下你的问题，并不受干扰地书写。你可以在纸上或者在电脑上写，甚至可以对着录音机说。在詹姆斯·彭尼贝克的网站上有更详尽的指导①。

① 网站地址：http://homepage.psy.utexas.edu/homepage/Faculty/Pennebaker/Home2000/WritingandHealth. html。

“退后，问为什么”。正如我们在本章前面看到的，还有另一种书写练习，可以帮助人们从过往特别令人烦恼或沮丧的事件中恢复过来。在回想起一件令人烦恼或悲伤的事件后，你可以遵照以下指导：

闭上眼。回到事件发生的时间和地点，在你的脑海中重现当时的情境。

在脑海中退后几步。离开当时的情境，到一个与事件发生的位置保持一段距离的地方，并看着事件中的自己。当你这样做时，将焦点放在远处的你所发生的变化上。

观察事件的展开，就好像它再一次地发生在远处的你的身上。

当你观察远处的自己时，在你的想象中重演事件的过程。这个过程需要持续几分钟。

当你看着事件在远处的自我面前展开时，试着去理解他或她的感受。为什么他或她会有那些感受？背后的原因是什么？[30]

未来最佳自我练习。如果你不愿意回忆过去令人烦恼的事情，而更愿意专注于积极的方面，你可以尝试这种书写练习。找一个安静、私密的地方，用连续 4 个晚上想一想你未来的生活。想象一切都获得了最好的发展。你工作努力，成功实现了所有的人生目标。想象你实现了所有的人生梦想。现在，把你的想象写下来。[31]

不要只想你实现了什么，如得到了梦寐以求的工作，而一定要把你实现的方法和过程写下来，如实习或读研究生。这样做可能会使你对未来更乐观，能够更好地应对障碍和困难。

保持目标感。在经典的连环漫画《花生》（*Peanuts*）中，萨莉正高兴地跳绳，突然她大哭起来。“怎么啦？”她的朋友莱纳斯问。萨莉答道：“我在跳绳……一切都很好……我不知道……突然觉得这似乎没什么用。”[32]当我们发现自己也有和萨莉相同的感受时，我们应该提醒自己最重要的人生目标是什么，并找到方法一步步向目标前进。对很多人来说，照顾家庭是最重要的目标，而且有方法可以使我们做得更好。其他人则在宗教、职业、社区或在猫的世界中找到了意义和目标。无论给予我们目标感的是什么，我们都应该抽出时间来追求这个目标。尽管这条建议听起来很平常，但当人们在选择职业或决定如何度过休闲时光时，也会忘记这个目标。

“做好事，成好人”原则。我们不可能都像格斯·戈德西那样幸福，毕竟，一些人遗传了坏脾气的基因，一些人承受着令人痛苦不堪的打击，如失业或重要的关系发生了破裂。然而，我们可以像格斯·戈德西那样，参与很多志愿活动，试着找到我们必须承受的事情的积极面，与他人建立连接。我们的叙述会因此发生改变，并与我们的行为匹配，这样我们的幸福程度会一点点向格斯的靠近。

REDIRECT
THE SURPRISING NEW SCIENCE OF PSYCHOLOGICAL CHANGE

04 用积极诠释成为更好的父母

我坐在医院育婴室的摇椅里，怀里抱着刚刚出生的儿子，他是一个娇嫩、完美、令人惊叹的小家伙。妻子还在手术室里，正从剖腹产手术中苏醒过来。在等着与妻子见面的过程中，我几乎抑制不住自己的喜悦了。我猜儿子不像我那么兴奋，因为几分钟后他开始哭闹。“哦，不，”我想，“我现在该怎么办？”这时一位护士走过来，递给我一个安慰奶嘴。当另一位护士经过的时候，儿子正开心地吮吸着奶嘴。这位护士不满地瞥了我一眼，说道：“这么说，你选择用安慰奶嘴了，是吗？”

“哦，天哪！”我心想，“我在不知不觉中已经作出了一个重要的养育决策！是否有些父母不给宝宝用安慰奶嘴？可是在心理助产课上没人提到这点呀。研究结果是什么？我是否让儿子成了口唇依赖者？如果他拒绝母乳喂养怎么办？我要跟妻子怎么说？”

据我所知，父母从孩子一出生开始便不得不作出一连串决策。我还知道，这些决策的重要性很容易被夸大。我不认为把安慰奶嘴塞进儿子嘴里有什么大不了的，他很快适应了母乳喂养，并成长为令我和妻子都无比骄傲的成年人。是否给孩子用安慰奶嘴；用纸尿裤还是用传统尿布；让他们 7 点还是 8 点睡觉，都不能决定孩子是过着充实幸福的生活，还是成为少年犯。一些研究甚至认为，父母根本没有什么影响，只要我们不虐待孩子，他们会发展得很好，他们的未来在很大程度上取决于他们的基因和同伴。[1]

我认为这种“父母不重要”的观点过于极端了。大量研究表明，父母对孩子的认知和情绪发展有巨大的影响力。例如，出生在社会经济地位高的家庭中的孩子，平均智商比出生在社会经济地位低的家庭中的孩子高。一些研究者认为，这是因为智力基因的差异，也就是说，智商高的人更有可能获得较高的社会经济地位，并与具有较高智商的人结婚，然后会把他们的高智商遗传给孩子。然而，社会心理学家理查德·尼斯贝特（Richard Nisbett）令人信服地驳斥了这种严格的智商“遗传论”观点。他指出智商的阶级差异源于不同的教养方法。社会经济地位较高的父母与孩子交谈的时间比社会经济地位低的父母多，大约是每小时 2000 个词比每小时 1300 个词。到 3 岁时，社会经济地位高的家庭中的孩子知道的单词数比社会经济地位低的家庭中的孩子多 50%。而且，这不只与数量有关。社会经济地位高的父母与孩子谈话的方式，会鼓励孩子质疑、分析和思考物质世界及社会世界。这让孩子的思维变得更敏锐，为上学做好了准备。[2]

也有大量的研究表明，父母对孩子的社交及情绪发展有着巨大的影响力。教养有方的父母关注孩子的需求，会与孩子形成亲密的依恋关系。这使孩子能够内化人际关系的健康叙述，这种叙述增加了孩子与他人建立信任、有爱的人际关系的可能性。有效的父母还知道如何塑造孩子的行为，以鼓励他们内化理想的价值观和态度。好父母是如何学会这些的呢?

许多父母相信自己的本能，并怀着最好的期望。还有些父母依靠老人的智慧，如自己的父母、祖父母。另外一些父母会到教养书中寻求建议。在书店中，建议父母如何养育孩子的书是唯一能跟汗牛充栋的心理自助书相匹敌的书籍。这些书包括“不吼叫”的教养法、“简单”教养法以及“玩耍”教养法，还包括“圣经中的教养智慧”和“做爸爸的完全傻瓜指南”。

很多年来，最流行的教养书之一就是本杰明·斯波克（Benjamin Spock）的《斯波克育儿经》（*Baby and Child Care*），其最早出版于1946年。尽管斯波克博士于1998年就去世了，但这本书仍在重印，并且已经销售了几百万册。这本书如此受欢迎的原因之一是，它传递了这样的信息：父母应该放松下来，相信自己的直觉，不要太在意严格的喂养时间表，孩子哭闹的时候完全可以把他抱起来，不用担心惯坏了他。在20世纪40年代，这些信息是新颖的。当时对父母们的建议是，坚持严格的时间表，避免宠坏了孩子。无数婴儿潮时代出生的父母，包括我，都有一本翻得卷了边的《斯波克育儿经》，那是可以信赖的建议来源。在我上大学的时候，有幸听过斯波克博士对学生们做的演讲。他的开场是伸开双臂，大声说道：“我的孩子们！”

不过，斯波克博士也说过，单单相信直觉是不够的，“也许有时候父母确切地知道或者认为自己知道如何养育自己的孩子。对于大多数父母来说，并没有明确的规则可以遵循。我们拥有了更多的选项，也不得不作出更多的选择……无论你到哪里征求建议，都会有专家告诉你该如何做。问题是，他们的意见经常是不一致的”。[3]

这个难题对读者来说应该很熟悉。祖母和其他专家为我们提供建议，但很多建议是相互矛盾的，而且几乎没有哪条建议接受过充分的检验。很多教养实践无法通过实验来检验，没有哪位思维正常的科学家会把家庭随机分配为打孩子的家庭和不打孩子的家庭。然而，很多教养方法是可以被检验的，而且检验的结果通常很惊人。

例如在 1997 年，一家名为爱因斯坦宝宝（Baby Einstein）的公司为幼儿发行了一些影碟，正如公司名称所暗示的，这些影碟是为了提高学步儿的智商。爱因斯坦宝宝公司的网站声称这些影碟“是父母用来与孩子互动的工具……它可以让父母们在与孩子一起欣赏和体验影碟的时候，空闲着双手”。然而很多父母将这理解为孩子可以自己观看影碟，并从中受益，就像那种给学步儿看的美国公共广播公司的纪录片。谁会觉得在孩子看影碟的时候，干点家务或打几个电话不是件好事呢？现在一些公司在推销给孩子们看的影碟，数百万孩子看了这些影碟。因此，这些孩子特别聪明，是吗？[4]

情况并非如此。事实证明，学步儿不能从影碟上来源不明的声音中学习。在弗吉尼亚大学，我的一位同事做了一项巧妙的研究。父母及他们的 12 ～ 18 个月的宝宝被随机分配到 4 个条件组中。第一种条件是，宝宝自己观看商业性质的教育影碟，每周至少看 5 次，连续看 4 周。影碟的设计目的是通过向宝宝介绍新单词来增加他们的词汇量。父母会和宝宝一起待在房间里，但不和他一起观看。第二种条件是，宝宝看相同时间量的影碟，但父母陪着看。第三种条件是，宝宝不看影碟，研究人员给父母一个词汇清单，上面列着影碟中介绍的单词，并要求父母用任何他们认为很自然的方式把单词教给宝宝。第四种条件是控制组，父母既不给宝宝看影碟，也不教他们单词。

4 周后，研究人员测试孩子们对影碟上单词的掌握情况。测试者不知道孩子们是如何分组的。他们给孩子们展示两个物品，然后让他们把测试者说的物品指出来。例如，测试者会问：“你能把钟表指给我看吗？”如果孩子指对了，且“钟表”是影碟上介绍的单词之一，那么就可以认为孩子学会了这个单词。哪个组的孩子学会的单词最多呢？

结果显示，什么也取代不了老式的亲子互动。不看影碟且父母教的宝宝学会的单词最多。观看影碟的宝宝，无论父母是否陪着他们一起看，学会的单词数并不比控制组的更多。有趣的是，许多父母认为孩子从影碟上学到了很多。事实上，父母越喜欢影碟，便越会认为孩子能从中学到东西。不过，我们的本能并不总是正确的。[5]

好吧，也许我们不是语言教育方面的专家，但对如何养育孩子、如何让他们对自己感觉良好，我们肯定有不错的直觉。我们需要做的就是让他们沐浴在爱和赞美中，不是吗？是也不是。与孩子建立亲密的情感连接很重要，但让他们沐浴在赞美中却不一定总是最正确的事情。

在本章中，我们将看到其中的原因，并聚焦于父母如何能以健康的方式来塑造孩子的叙述，即如何利用已经得到科学检验的故事编辑的干预方法。本章不会提供全面的教养建议：这里不会有治疗尿布疹的方法，也不会教如何让你的孩子一整夜安睡以及如何帮助他们应对霸凌。这些当然都是很重要的主题，但父母要做的最重要的事，可能是引导孩子形成对自我及对世界的看法，即个人诠释。这既是本书的主题，也是孩子未来生活的蓝图。我将从父母如何让孩子发展出自主感和目标感说起，因为正如我们在前面章节中看到的，这是成年人健康叙述的关键。

放弃控制型教养

几年前，在我担任弗吉尼亚大学心理学系主任期间，我亲眼见过所谓的

“直升机父母”①。一天，当我走进大楼时，前台把我拉到一边。“有个男人要见你，”她说，“他说他今天早上从纽约飞过来，要和你谈谈他女儿的事。”那位男士不耐烦地和他的女儿坐在那里。他女儿大学四年级了，学的是心理学专业。我邀请他们来到我的办公室，那位男士没有浪费时间寒暄，而是直奔主题。“我认为这太令人无法容忍了，”他说，“我女儿竟然上不了她选的研讨课程。”

顺便提一下背景：学校要求所有心理学系的学生都要至少参加一个小研讨课程，通常是在他们大学四年级的时候。心理学是很受欢迎的专业，因此这类研讨课程也很受欢迎，竞争比较激烈。并不是所有学生都能上他们首选的课程。办公室里的这位学生就遇到了这种情况。她想上某个研讨课程，但这个课程很快就招满了，没有多余的名额。“我付了高昂的州外学费，”这位父亲接着说，“我认为我女儿应该能上她想上的课程。”

我解释说，我们尽量满足所有学生的要求，但不能保证让每个人都能上他们首选的课程。这位男士并不满意，在离开我的办公室后，他要求见校长。工作人员礼貌地告诉他，他们无能为力，因此他女儿不得不上第二选择的课程。

这类事情在大学里并不少见。几年前，时任巴纳德学院（Barnard College）校长的朱迪思·夏皮罗（Judith Shapiro），在《纽约时报》上写了一篇专栏文章，呼吁父母们不要过多插手孩子的事情。她举了几个学校中发生的“直升机父母”的例子：一位父亲打电话给他女儿的职业顾问，想要所有未来雇主的清单，这样他就可以与雇主联系，让他们知道自己的女儿有多优秀。一位母亲陪着女儿去见系主任，以便在女儿的“独立”研究项目上提供帮助。当一位年轻的女士要申请大学时，她爸爸请了一年的假，以便在整个过程中指导她。[6]

① 美国媒体用来形容过度焦虑和宠爱孩子的父母，他们无时无刻不盘旋在孩子的周围，插手大小事。——译者注

很明显，这些父母很想提供帮助，但他们给孩子传达的是何种信息？坐飞机来拜访我的那位父亲是一个领导型的人，他习惯于得到他想得到的东西。他也许认为自己给女儿上了很有价值的一课，即这是一个竞争非常激烈的世界，人们必须努力获得自己想要的东西。但我怀疑他的女儿学会的完全是另外一番道理：当我需要帮助的时候，爸爸就会出马，所以我不必自己解决问题。

在前面的章节中，我们看到幸福的关键之一就是拥有目标感和自主感，即能够自己设定目标，并决定实现目标的方式。

我们能为孩子做的最好的事情就是，帮助他们发展自主感，即使他们会经历挫折。如果从出生到上大学一直围绕在孩子身边，替他们做每一个决定，那么他们几乎不可能拥有自主感。

让我们回到性格形成的年龄，那时，孩子有关自主和控制的叙述开始发展。当孩子尝试迈出独立的脚步时，就像他们在上初中时做的那样，父母能够做什么呢？我要先讲父母不应该做什么。父母们不应该采取专横的方式，试图控制孩子走出的每一步。一些研究发现，父母的干预、妨碍、控制与儿童的低自主性有关，而且会导致幸福感降低。

在一项研究中，研究人员问美国和中国的初一新生，家里的决定一般是如何作出的，也就是说，他们是否有可能自己做决定，还是父母替他们做决定。问题涉及了对初一学生来说很重要的几个方面，如与谁交朋友、和朋友在一起待多长时间、什么时候上床睡觉、花多长时间学习以及空闲时间做什么。一些孩子说，他们有相当大的自由；另一些孩子说，父母替他们做了大多数的决定；还有些孩子的情况介于这两者之间。例如，在某些方面，他们自己决定该做什么；而在其他方面，父母为他们做决定。研究者追踪研究了两年，并测量了这些孩子的情绪健康状况。结果显示，控制得越多的父母（至少在孩子眼里是这样），在接下来的两年里，他们的孩子的情绪健康状况越不好。换句话说就是，如果在刚上初一的时候，孩子认为父母为他们做了大多数决定，那么他们更有可能在未来两年里表现出情绪功能的衰退。

有趣的是，在美国和中国孩子中间，都发现了这种结果。不同文化中，父母控制的问题曾引起过争论。一些学者认为，控制风格在亚洲国家中是标准做法，由于人们能够预期并接受这种教养方式，因此它的危害比较小。然而，上面提及的研究并没有表现出这种差异。控制型父母的孩子在接下来的两年里，情绪都会受到损害。我不是说这种争论完全可以停止了，研究者仍要继续观察在不同文化中，教养风格的作用。另外，在解释这种相关研究，即研究者测量两个变量的相关性，而不是完成一个实验时，我们需要特别小心。控制欲强的父母，可能在其他方面也与控制欲不那么强的父母有所不同。然而，这个结果至少说明，控制型的父母有可能导致美国和中国的少年出现情绪问题。[7]

其他研究显示了另一种控制型父母的危害，即只有在孩子按照他们的意愿做事时，才把爱施舍给孩子。在对以色列初三学生展开的研究中，研究者观察了父母有条件消极关注（conditional negative regard）的程度。有条件消极关注是父母试图控制孩子行为的一种方法，当孩子做错事时，父母就收回对他们的爱。初三学生会报告对诸如“如果我在学校表现不好，妈妈会暂时不理睬我”和“如果我表现出恐惧，爸爸会暂时对我比较冷淡”的赞同程度。赞同这种陈述的学生，其父母会被认为使用了有条件消极关注。这种策略的缺点在于，孩子会认为父母在惩罚他们，而且过于有控制欲，这些孩子不会将目标内化，从而主动把事情做好。采取这种策略的父母的孩子表达了对父母较大的怨恨。与不采取这种策略的父母的孩子相比，老师会认为他们对学业较不投入。

“嗯，”你也许会想，“我不会用不理睬或拒绝爱他们的方式来惩罚孩子。奖励优于惩罚，所以当孩子表现好的时候，我会让他充分感受到我的爱。让他们养成好习惯的好方法是什么？”其实，你是在使用有条件积极关注（conditional positive regard），即当孩子表现出好行为时，父母用爱回应。在以色列开展的研究中，赞同诸如“我觉得当我学习刻苦的时候，爸爸会比平常更欣赏我”和“如果我感到害怕，但没有表现出来，妈妈会更爱我”这类陈述的孩子，其父母被认为使用了有条件积极关注。

这种策略比拒绝爱孩子的策略好，但危害是，孩子会认为，只有当他们做了父母想让他们做的事情时，他们才能赢得父母的爱。例如，在学业方面，孩子会专注于取得高分，以取悦父母，却没有发展出对学习的内在兴趣。这就是研究发现的结果：根据老师的报告，使用有条件积极关注的父母的孩子，对成绩的兴趣比对学习资料的兴趣更大。

如果拒绝给予爱或只因孩子的成功而表达爱都是不可取的做法，那父母们应该怎么做呢？事实上，有一种更好的方法，叫作自主支持（autonomy support）。

父母试着从孩子的视角来看问题，帮助他们理解不同选择的价值，并告诉他们，最终，他们要自己选择要走的道路。这种观念能够逐渐将孩子引导到正确的方向上，同时让孩子有自己在做选择的感觉。

为了测量这种教养风格，研究者问初三学生，当他们的意见与父母的意见不一致时，通常会发生什么情况。例如，当“我认为自己对学业已经够投入了，但父母认为不够”时。那些报告说父母理解他们，但父母也会提供观点依据的少年，会被归为获得大量自主支持的孩子。正如研究者预测的，这些孩子比在另外两种教养风格下成长的孩子发展得更好。他们对自己的情感和行为具有很强的控制力，能够更好地调节自己的情绪，老师也认为他们对学业具有发自内心的兴趣。另一项在美国的研究是通过访谈父母，而不是依靠孩子的评价，来评估教养风格。研究结果与以色列的研究结果一致，即在自主支持上得分高的父母，更有可能培养出行为得体、学业成绩好的孩子。[8]

温和的威胁

因此，自主支持优于控制型的教养风格。然而，正如每一位父母所知，和孩子讲道理，让他们自己做决定有时是不可能的。特别是当孩子比较小的时候，我们不得不设限制，让他们清楚，如果做错了会有什么结果。当孩子真的做错事的时候，我们需要决定是否该惩罚他们，如果该惩罚，那么如何惩罚。如果 5 岁的孩子用玩具火车打他的妹妹，或者试着用叉子撬开电源插座的安全盖，跟他讲道理就太不靠谱了。

很多父母相信，在这种情况下，有效的策略是给他屁股上来一巴掌。在某非营利组织开展的一项调查中，61% 年幼孩子的父母赞成把打屁股作为经常的惩罚形式，57% 的父母说，打屁股有助于孩子养成更好的自控力。另一项调查发现，到孩子 4 岁的时候，94% 的父母至少打过一次孩子的屁股。在美国各州，在家里打孩子屁股都是合法的，有些州也允许学校实施体罚。[9]

美国儿科学会（American Academy of Pediatrics）和美国国家社会工作者协会（National Association of Social Workers）对此表示不赞同，他们反对父母使用体罚。包括瑞典、挪威、德国、奥地利和匈牙利在内的很多国家，认为公开及私自体罚孩子是违法的。研究的结果是，体罚确实能让孩子不去做导致打屁股的事情。不过，这也伴随着几个负面后果，包括攻击性行为及反社会行为的增加，亲子关系的质量降低，且有损心理健康，同时孩子长大后虐待自己的孩子或配偶的可能性提高了。现在，我要赶紧补充一点，这些都是相关性发现，不能证明体罚是否会导致那些负面后果。我们无法排除存在某些第三变量的可能性，如家族病理学，这些变量同时增加了体罚和负面后果的可能性。

然而，值得注意的是，曾被打过屁股或被扇过巴掌的孩子，在心理学所说的“道德内化”方面表现欠佳。孩子学会的不是“我不应该打妹妹，因为那是不对的”，而是“我不应该打妹妹，因为如果我那样做了，妈妈会揍我”。这意味着，当妈妈在的时候，他不会打妹妹，但当妈妈不在房间里或去上班的时候，会发生什么呢？当心，这时候只为了避免妈妈发怒的孩子解放了。另外，妈妈的做法会让孩子认为，暴力是试图控制他人行为的合理方法，所以他自己也能够使用。

研究显示，孩子很擅长模仿其他人获得想要的东西的方法，包括侵略。总之，很多使用体罚的父母过于关注控制孩子的行为，而没有意识到这对孩子的叙述产生的影响。我们最终想让孩子内化恰当的价值观和态度，而不是为了避免惩罚而服从我们。[10]

这类管教问题是父母们面临的最棘手的问题之一，也是很多教养类图书的主题。斯波克博士很好地描述了这种困境。一方面，“你可以创造一种严格的奖惩体系，这样你的孩子会像小机器人一样，大多数时候他们的行为是完美的。但是，这对孩子的心灵、自我价值感、个人幸福及对他人的感情会有何种影响”。另一方面，“想象这样一个孩子，他的每一次心血来潮都会得到纵容，他的所有行为，无论好坏，都会得到赞扬。这种孩子也许拥有某种幸福，但大多数人都会离他远远的”。我们都会赞同在这两种极端之间，应该有一种恰当的幸福，但如何才能实现呢？答案是使用故事编辑的方法。我考查过，它不曾出现在任何一本教养书中，包括《斯波克育儿经》。[11]

为了理解父母们该如何使用这种方法，我们可以思考下面这个例子：你和 11 岁的女儿正在一起为学校的糕饼售买活动做饼干。你们俩开心地揉面团，把面团放到烤盘上，闻着烤箱里飘出的诱人香味。第一炉烤好后，你和女儿各自犒劳了自己一块，还喝了一杯奶。“我能再吃一块吗？”女儿请求着。“不行，”你说，“这会让你没胃口吃晚饭的。而且，如果我们再吃一点，饼干就不够拿去卖了。你为什么不开始写作业呢？我正好要去支付一些账单。”女儿闷闷不乐地坐在那儿，眼巴巴地看着在架子上晾着的饼干。

你打算把女儿留在这个很具诱惑性的环境中，当你不在房间时，她可以轻易地偷吃到一块饼干。假设她最近不太服从你的意愿。不久前的一个晚上，在你让女儿关灯睡觉后，她悄悄下了床，打开了电脑。几天前，她用一晚上的时间给朋友发短信，而不写作业。所以，你决定这次要采取严厉措施。“如果在我去付账单的时候，你偷吃了饼干，那你会有大麻烦的。我会让你一个星期不能用手机，只允许你用电脑写作业，别想上社交网站。”“应该这样做了，”你心想，“这是让她学会遵守规则的好机会。”出门前你数了数架子上的饼干，回到家后，看到饼干都在架子上，你松了口气。

看起来任务好像完成了。你女儿仍有胃口吃晚饭，并学到了要抗拒诱惑、按照妈妈的要求做事。但她真的学到了吗？你的威胁与潜在的犯规行为相称吗？或者你的做法是否有点过分了？或者，即使真的过分了，也没有什么不好？毕竟你成功地让女儿遵守了规则。然而，此处的问题依然只是服从，而不是内化。你把女儿的叙述引导到了好的还是坏的方向？

一个针对二年级孩子做的两阶段实验提供了答案。在第一个阶段中，研究者让孩子独自待在充满诱惑的房间里，这与你的女儿和饼干的情境没什么两样。房间里有很多玩具，研究人员告诉孩子不要玩最好的那一个。在不同条件中，研究者对孩子提出的威胁的严重程度会有所不同。一种条件很严厉，跟那位妈妈威胁要拿走女儿的手机，禁止她上社交网站一样。“在我离开的时候，”他说，“你可以玩除了机器人之外的所有玩具。玩机器人是不对的，如果你玩了，我会非常生气。”在另一种条件中，研究人员的威胁比较温和。他说如果孩子玩了不许玩的机器人，他会“有点不高兴”。然后他离开了几分钟。

一个重要的结果是，两种威胁都很有效：在研究人员离开时，没有孩子玩机器人。然而，从故事编辑的角度看，关键问题是孩子如何对自己解释不能玩机器人的原因。在严厉威胁的条件中，孩子们可能将自己的行为归因于威胁。“我不确定那个人为什么会因为我玩机器人而大发雷霆，”他们也许会想，“但我肯定不会为了找出原因而去玩。他真的会对我大发脾气。”在温和威胁的条件中，孩子们不太容易用受到威胁来解释为什么他们不玩机器人。毕竟，研究人员只是说，他会有点不高兴，那么真正重要的是什么呢？

温和威胁吸引人的地方在于，它的强度足够阻止孩子玩玩具，但又不至于让他们认为这就是他们不玩的原因。孩子会猜测，他们一定不像自己以为的那样喜欢那个机器人。也就是说，他们假定自己不玩机器人是因为他们不太喜欢，而不是因为研究人员的威胁。因为在实验的最后，温和威胁条件下的孩子的报告显示，他们对机器人的喜欢程度显著低于严厉威胁条件下的孩子。

温和威胁条件下的孩子没有停留在贬低机器人的价值上，而是找到了另一个理由来解释自己的好行为，即他们一定是特别诚实的孩子，很擅长抗拒诱惑。毕竟，他们本可以玩那个机器人，研究人员只会有点不高兴，那他们为什么没玩呢？除了认为机器人没有那么好之外，他们得出了这样的结论：自己是一个遵守规则的诚实的好孩子。

我们之所以知道了孩子们的这些想法，是因为三个星期后，研究人员让孩子们再次来到实验室，并将他们置于另一个充满诱惑的情境中。另一位研究人员会让孩子们玩电子保龄球游戏，他不知道在第一阶段的实验中孩子们的分组方式。如果他们的得分超过 35 分，会得到诸如娃娃、手电筒或放大镜等奖品。然后，研究人员离开房间，让每个孩子记下游戏结束时自己的分数。你瞧，游戏结束时一个孩子只得了 33 分，但和可以得奖品的分数很接近。研究人员回来了，问孩子得了多少分。他们会诚实地报出真实的分数，还是会在此基础上加几分，以获得奖品呢？

正如研究人员所预料的，这取决于在第一阶段的实验中，孩子被随机分配到了哪种条件中。温和威胁条件下的孩子，几乎没人在保龄球游戏中作弊，却有相当数量接受了严厉威胁的孩子会作弊。这支持了以下观点：温和威胁条件下的孩子将他们在第一阶段实验中的好行为，归因于自己是服从长辈的诚实孩子。而严厉威胁条件下的孩子对自己说："我不玩机器人是因为那个人真的会很生气，而不是因为我是个诚实的孩子。"

就像前文所探讨的，这类叙述的改变并非完全是有意识的。研究中的孩子没有坐在那里挠着头，对自己说出他们不玩机器人的原因。相反，温和威胁似乎引起了孩子们隐性的自我叙述的改变，这使他们在 3 周后的保龄球游戏中也能作出诚实的行为。[12]

研究清楚地为那位在饼干的案例中假想出来的家长的行为方式提供了指导。暂时没收女儿的手机、禁止她上社交网站的威胁可能过于严厉了。是的，这些威胁会让女儿服从要求，但它们过于强烈，很可能阻碍了内化过程。女儿可能是为了避免惩罚而抵制住了诱惑，而并非认为自己是一个能够做正确事情的诚实孩子。最好把威胁减弱一些，让它的强度足够阻止不好的行为，又能让女儿将服从归因于自己的诚实。例如，妈妈可以说："如果你偷吃饼干，我会不太高兴。"父母需要做的是，判断什么程度的威胁既是温和的又是有效的。

一些父母会质疑使用任何形式的威胁。难道在孩子表现出好行为的时候，让他们沐浴在赞扬和奖励中不比威胁他们更好吗？例如，如果女儿不遵守规则，我们不对她说会有点不高兴，而是如果她遵守了，我们会奖励她，是不是更好呢？正如我们下面将要看到的，这取决于奖励的强度，以及使用奖励的方式。

奖励的限度

想一想另一种教养困境：你想让10岁的儿子在空闲时间读书，而不是玩游戏、看电视。你带他去书店，给他买了一些适合他年龄的书籍，这起了一定的作用。他喜欢看托马斯·洛克威尔（Thomas Rockwell）的《炸虫总动员》(*How to Eat Fried Worms*)，但接下来又去玩游戏了，其他书则在床头柜上落灰。你感到有些恼火，决定采用新的方法：奖励儿子的阅读。你告诉他，他每读10本书，你就会给他买一个他想要的新游戏。这种方法管用了！你儿子贪婪地读着你给他买的书。达到目的了，是吗？

也许没有。毫无疑问，奖励确实能够显著改变孩子的行为。父母们也始终在使用奖励。妈妈或爸爸会说："如果你再吃两口胡萝卜，就可以吃甜点。"或者"如果你练钢琴，我就带你出去吃冰激凌。"只要奖励足够有吸引力，就会有效，胡萝卜被吃光了，钢琴也练完了。针对孩子的奖励项目已经变得体制化了，如长期运作的读书奖励计划（Book It！），该计划是由必胜客连锁餐厅赞助的。根据该计划网站的说法，这个计划的目的是"用赞扬、认可和乐趣来奖励孩子们的阅读，激励他们读书”。当孩子完成了老师要求的读书量时，如我孩子上的小学要求读 20 本，他们会得到免费单人铁盘比萨的优惠券。“餐厅经理和员工会为每个实现月度读书目标的孩子送去祝贺，并奖励他们免费的单人铁盘比萨、读书奖励卡以及背包挂饰。”该网址还声称，每年有超过 1 000 万的学生参与这个计划。

这类项目遵循的是最基本的经济法则，即人们为了奖励而做事。通过提供奖励来让孩子做你想让他们做的事，如练钢琴或读书，这会有什么错吗？再一次地，这取决于你的目标是服从还是内化。如果我们想让孩子读更多的书，只要一直有奖励，那奖励会管用。就像惩罚的威胁一样，奖励也能够带来服从。然而，就像教孩子诚实的例子一样，我们希望孩子内化好的态度和价值观，而在这里就是对阅读的喜爱。毕竟，我们不能一辈子都奖励他们阅读。当必胜客的读书奖励计划结束时，会出现什么情况？

经济学家可能会回答：“我们希望孩子们在做了一段时间后，会喜欢上这种活动。这样，在撤除奖励后，他们会继续从事这种活动。即使他们还是不喜欢，撤除奖励后可能发生的最糟糕的情况，也只是他们又回到了原来的阅读量。这不会造成什么损害。”然而，事实证明，这种做法的确有可能造成损害。

奖励会破坏孩子对活动的内在兴趣。孩子们会认为，他们做某件事是为了得到奖励，而不是因为任务本身很有趣。

已经有几十项实验发现了这种“过度合理化”效应。我最喜欢的一个实验是针对小学四年级和五年级学生的。老师希望提高学生对数学的兴趣，他们认为奖励是值得一试的方法。首先，老师向学生们介绍 4 种新的数学游戏，并观察学生玩每个游戏的时间长度。结果是都玩了一段时间，但并不长。接下来老师介绍奖励方案。孩子们每玩数学游戏3个小时，便会得到学分，他们可以用学分换奖品。这种奖励很受欢迎，也很有效，孩子们用在数学活动上的时间猛增。

到目前为止一切都很好。但是当奖励结束时，会发生什么呢？后来，老师宣布，为了对学校的其他学生公平，他们不得不停止奖励，不过孩子们还可以像以前一样，随时来玩这些数学游戏。现在，孩子们什么也得不到了，他们对游戏的兴趣下降到比奖励开始前的基线水平还低。换句话说就是，他们的兴趣没有回到奖励制度化之前的水平，孩子们对数学游戏的兴趣还不及奖励开始时。通过与控制组比较，研究者认为，奖励确实破坏了孩子们对数学游戏的兴趣，而不是因为随着时间的流逝而产生了厌倦。研究表明，为了让人们做某事而给予很大的奖励，会让他们相信自己是为了钱才做的，而不是因为对活动有内在的兴趣。事实上，奖励破坏了最初尚存的兴趣。[13]

这是不是意味着父母及教育工作者应该放弃所有的奖励，把抽屉里的贴画和棒棒糖等奖品统统扔掉呢？根本不是。首先，当孩子兴趣的起点是零的时候，也就不存在破坏他们内在兴趣的风险了。如果你的孩子对阅读一点儿兴趣都没有，如几个月都不碰一下书，那么用小小的奖励激励他开始阅读就不会有任何害处。父母们都知道自己的孩子喜欢什么、不喜欢什么，因此也应该知道什么时候可以使用奖励的方法。诸如读书奖励计划这类项目的问题在于，他们会在所有学校里实施这个计划，可是一些孩子本来对读书已经有兴趣了，而用比萨奖励他们已经喜欢做的事情，有可能损害他们的兴趣。在第8章中，我们将探讨一个不那么成功的项目。它试图通过付钱给成绩好的贫困生来缩小学业成绩差距。

其次，我们要注意，在数学游戏的实验中，孩子们只是因为玩数学游戏就获得了奖励，而与玩得如何没有关系。很多奖励，如对优异分数的奖励，是与良好的表现相关联的。只有当人们有高水平的表现时，才能获得奖励。这种奖励不太会破坏内在兴趣，因为这类奖励表明，人们很擅长某种活动。然而，即使是这类奖励也会出现问题，在某种程度上，它们让人们将注意力集中在了奖励上，由此增加了因被评价而产生的焦虑感。

另一种使用奖励的方法是，降低奖励的重要性和力度，这看起来也许有些怪异。如果目标是让孩子们做我们想让他们做的事，那为什么不用有力度的奖励呢？正如我们看到的，有力度的奖励有可能破坏我们试图培养的兴趣。如果采取我推荐的、强度较低但足够有效的威胁方法，那会如何？我们可以让奖励的力度足够促使孩子们去做我们希望的他们做的事，但又不至于让他们把奖励作为自己行为的唯一解释。

加拿大一项针对学龄前儿童的研究就是这样做的。研究人员把一群 4 岁的孩子带到一个房间里，告诉他们可以敲鼓玩。对这么大的孩子来说，敲鼓是很受欢迎的活动。在显著奖励的条件中，研究人员告诉孩子们，如果他们敲鼓，就会得到奖励。介绍奖品的方式会让孩子们一心只惦记着奖品。研究人员说，奖品就在孩子面前的盒子里，并告诉他们，只有当敲鼓时间结束后，他们才能掀开盒子，看看是什么奖品。想一想对于 4 岁的孩子来说，这会是什么样的情景。他们坐在那里敲鼓，盯着眼前的盒子，不停地猜想奖品是什么。随着时间的流逝，他们的兴奋感不断增强。在不显著奖励的条件中，孩子们也被告知在敲鼓时间结束后，他们会得到奖励，但研究人员不再提奖励的事，也没有吸引孩子注意力的藏着奖品的盒子。最后，还有一个控制组。控制组的孩子也敲鼓，但完全不提及奖励。

随后，研究人员用各种方法测量孩子对敲鼓的兴趣，包括问他们最喜欢房间里的哪个玩具；观察他们在实验刚结束和结束几周之后，在“自由时间”中敲鼓的时间长度。每一种测量方法都表明，显著奖励条件下的孩子相比于控制组的孩子，其对敲鼓的内在兴趣降低了。例如，他们不太会说鼓是他们最喜欢的玩具，在自由玩耍时间中，敲鼓的时间也较短。他们似乎对自己说：“我是为了得到奖品才敲鼓的。现在没有奖品了，我不想敲鼓，而要玩拼装玩具，谢谢你。”不显著奖励条件下的孩子会如何呢？他们也因为敲鼓而得到了奖励，但他们的注意力没有完全集中在奖励上，所以他们似乎没有假定得到奖励是自己敲鼓的唯一原因。事实上，与控制组的孩子相比，他们对敲鼓的兴趣有了轻微的提升。奖励为敲鼓的活动增加了一些兴奋因素，但不会被认为是从事这项活动的唯一原因。[14] 社会心理学家马克·莱珀（Mark Lepper）将其中的教益称为最低限度原则（minimal sufficiency principle）。

如果父母的目标是让孩子内化预期的态度和价值观，那么他们应该使用能让孩子作出期望行为的最低限度的威胁和奖励，威胁和奖励的强度不要太大，不要让孩子把威胁和奖励看成是自己行为的唯一原因。最低限度的威胁和奖励是有效的故事编辑方法，它让孩子相信自己正在做正确的事情，因为他们赞同做正确的事情。

尽管在理论上这种方法很棒，但我不得不说，实践起来并不容易。问题在于，父母事先不知道最低限度的威胁和奖励是什么。多少奖励足够让学龄前的孩子练钢琴？多少威胁足够让十几岁的孩子不去吸烟？另外，这种方法还存在标准偏低的危险。如果奖励或威胁太弱，孩子便不会按照我们的要求去做。这可能导致事与愿违的结果，因为孩子也许会更迷恋那些父母不愿意看到的行为。例如，如果十几岁的孩子决定，即使父母会不高兴，他们也要吸烟，那么他们很可能把吸烟看成是非常有吸引力的事情了。与此类似，如果即使能得到一些糖果，孩子依然决定不练钢琴，那么他们很可能断定弹钢琴真的很枯燥。最好的方法是，开始时的威胁或奖励要强到能让孩子作出期望的行为，接下来，要调低一点强度，使孩子们不会轻易将自己的行为归因于奖励或威胁。

对最低限度原则的另一条反对意见可能是，它看起来不够光明正大，或具有操控的性质。真的要用“耍花招”的方式让孩子们认为自己正在做的事情便是他们想做的吗？父母们对此必须作出自己的判断。在我看来，让孩子内化正确的态度和价值观是我们的职责所在。具有讽刺意味的是，温和的威胁以及较小的奖励，比严厉的威胁以及较大的奖励更能有效地达到这个目的。采取极度专制的姿态，最终使期望的态度和价值观较少得到内化，这难道不是更具操控性的做法吗？

给孩子贴正确的标签

有一种更直接的方法，可以让孩子内化正确的价值观，那就是故事激励的方法，即给孩子的行为贴上正确的标签。

让我们回到饼干的例子。假设你尝试了最低限度原则，告诉女儿，如果她在你出门的时候偷吃饼干，你会有点不高兴。事实证明你的威胁不够强。当你回来时，发现饼干少了一块，女儿的嘴巴边有一点饼干渣。她看到了你脸上的失望，显然对违抗你感到不安，但她学到了什么教训？如果她把自己的感受解读为内疚，那么她可能内化了以后要避免违规的教训，毕竟她不想让你再次失望。但是如果她对自己说：“真讨厌，我不能相信自己被抓着了。”那么她学到的是完全不同的教训，即下次要好好重新摆放盘子里的饼干，要把嘴边的渣子弄掉。事实证明，成年人会让孩子把自己的感受贴上这样的标签。

在一项针对二年级学生的实验中，一名研究人员把每一个孩子分别带到房间里，房间里有一辆玩具赛车正缓慢地在椭圆形的轨道上移动。研究人员告诉孩子，一定不要让赛车脱轨。他给孩子演示当赛车速度变得太快时，如何让它停下来。然后他就离开了房间。孩子不知道的是，在另一个房间里，另一位研究人员在操控着赛车。你瞧，当孩子的注意力转向其他玩具时，他就会让赛车加速，导致脱轨。

不久之后，第一个研究人员回来了，看到出轨的赛车时，他惊愕地说赛车坏了。现在，想象你是那个二年级的孩子。这个男人刚才让你做一件事，但你给搞砸了。你也许感觉非常糟糕，但你会如何解释这种感受呢？你是感到内疚还是因为被发现而感到烦恼？在这项研究中，它取决于研究人员如何给孩子们的感受贴标签。一些孩子被随机分配到内疚组，其中，研究人员对孩子表达了可能会为做错事而感到内疚的意思。“我打赌你现在感觉不太好，因为赛车脱轨了，”他说，“我看到其他孩子在没能做到要求他们做的事情时，会感觉糟糕。”其他孩子被随机分配到我们可以称之为“见鬼，我怎么被抓到了”组。在这个组中，研究人员稍微改变了评价，把孩子的感受说成是被发现后的失望。“我打赌你现在感觉不太好，因为我发现赛车脱轨了，”他说，“我看到其他孩子在有人发现他们没能做到要求他们做的事情时，会感觉糟糕。”

为了看看研究人员的评价是否被孩子完全理解了，他给每个孩子一辆新赛车，并演示如果它脱轨了，如何把它重新放回轨道上。研究人员还告诉孩子，当赛车在轨道上跑的时候，要密切注意它。研究人员离开的时候会强调几分钟内没有人会进入房间。然后，研究人员在暗中测量孩子们将注意力集中在赛车上的时间有多长，以及他们看其他玩具的时间有多长。

事实证明，研究人员提供的标签确实被完全理解了。之前被鼓励对自己的违规行为感到内疚的孩子，与之前被鼓励将自己的感受归为因被抓到而失望的孩子相比，其关注赛车的时间更长。前一组孩子似乎在想：“我最好密切注意赛车，因为如果再搞砸了，我肯定会感到内疚，即使没人发现。”而后一组孩子似乎在想：“赛车脱轨了又如何，没什么大不了。我只要在那人回来之前把它放回去就好了。”如果你想让孩子内化做好孩子的动机，那么当他们搞砸时，要把他们的感受说成是内疚。

当孩子做了正确的事情时，该怎么办呢？同样，有研究表明，我们给行为贴标签的方式会带来差异。研究人员随机选择一个班级，在 8 天的时间里，老师和校长不断向孩子灌输他们是不随地扔垃圾的人。例如，有一天，老师指着其他班的孩子扔在地上的垃圾说：“我们班很干净，不要这样做。”另外一天，老师贴上了一张海报，海报上的卡通人物说：“我们是不乱扔垃圾的班级。”又有一天，校长走进教室，赞叹教室真干净，学生们真守纪律。

在另一个被随机选出的班级中，老师和校长采取了不同的行动步骤。他们没有给孩子们贴上不乱扔垃圾者的标签，而是用标准的说服性要求让他们保持教室的清洁。老师会在某天给学生们讲授生态学以及乱扔垃圾的危害；另外一天，她告诉学生们要把糖纸扔在垃圾桶里，而不要扔在地上的重要性。还有一天，校长来到教室，给学生们讲保持教室整洁有多重要。最后，又随机选择了一个班级作为控制组，不接受任何有关扔垃圾的信息。

干预结束后，研究人员观察每个教室中孩子们乱扔垃圾的情况。例如，两周后，老师给每位学生发了一个拼图，拼图包在一次性的包装里。研究人员记录了把包装扔在地上和扔在垃圾桶里的孩子的人数。结果证明，被贴标签的第一组孩子对信息内化得最好，即使不知道有人在监督自己的行为，他们也不太会把包装扔在地上。例如，这个班的孩子中只有 15% 的人把拼图包装扔在了地上，而在接受说服教育的组和控制组中，有 70% 的孩子把包装扔在了地上。[15]

这是否意味着我们应该毫无节制地给予孩子们表扬，给他们的行为贴上正面的标签？如果你们像我一样，便会在孩子做得很好，如学业成绩优异的时候，有着强烈的赞美他们的愿望。“乘法测验你考得真棒，”我会说，“你肯定很擅长数学。”用言语宠爱他们一下没什么不对，是吗？

这取决于言语传递的信息。正如我们看到的，成人给孩子贴什么标签很重要。表扬的危险是有可能贴上了错误的标签，社会心理学家卡罗尔·德威克（Carol Dweck）称之为固定心态（fixed mindset）。固定心态认为，每个人天生在某个领域，如数学、足球或音乐领域具有固定大小的天赋。根据这种观点，我们或者有某种天赋，或者没有。如果我们一直干得不错，如数学考试总能得A，便没什么问题。但当我们干得不好时，这种观点会非常具有破坏性。设想我们在上中学，第一次代数考试考砸了。我们会得出何种结论？如果我们相信每个人天生具有固定大小的数学能力，那只会推测我们达到了自己的极限，刻苦学习也没什么用。“我不是学数学的料”好像是符合逻辑的结论。

然而，设想我们持有的是德威克所说的成长心态（growth mindset）。这种心态认为，如果我们努力尝试并练习，便能学会做好某些事。能力就像肌肉，越用越强壮。当遇到挫折时，如代数考试考砸了，我们更有可能把它看成是自己学习不够刻苦、以后要更努力的表现。

注意，固定心态或成长心态只是孩子们的叙述方式，并不反映他们真实的天赋情况。当然，天赋也不是一点关系没有。某些人，如篮球巨星乔丹，比其他人有多得多的天生才能。然而，我们不应该低估练习的重要性，这在很大程度上取决于人们的心态。例如，你也许会吃惊地发现，在第一次选拔中，乔丹没能入选高中的篮球队。但他没有放弃，而是付出了双倍的努力，为了在上学前能训练1个小时，他每天早上6点就离开家。最终他进入了校队，并因为出色的球技获得了北卡罗来纳大学的奖学金。这所大学是美国具有一流大学篮球项目的大学之一。不过，乔丹依然没有停止练习。在全美大学篮球锦标赛中，北卡罗来纳大学比赛失利，乔丹的反应是比赛后马上回到体育馆练习跳投。显然，他用成长心态看待自己的篮球能力。

这些心态是如何形成的？父母在其中发挥了重要的作用。当乔丹的妈妈听说儿子没有进入校队时，她让乔丹“回去自己训练”，这是典型的成长心态的反应。他妈妈没有说，“他们凭什么不让你进校队。我要找教练谈谈”或者“也许你应该试试橄榄球”。他的妈妈传递的信息是：为了做好一件事，你必须为之付出，哪怕你是迈克尔·乔丹。[16]

出于同样的原因，父母应该留心如何给孩子的成功贴标签。父母们太想赞美孩子出众的才能了，毕竟我们希望把孩子看成是有天赋的人，但这样做会传递错误的信息。例如，莎莉犯了一个人们常常会犯的错误。莎莉的母亲向女儿传递了固定心态的观念：“一些人学业优秀，是因为他们有天赋。”如果莎莉考试没考好，那莎莉会得出何种结论呢？较好的做法是赞扬孩子付出的努力，传递成功来自努力而非天赋的观念。“乘法测验你考得真棒，”你可以说，“你在学习乘法上付出了很多时间，我很欣赏这点。你的努力终于获得了回报。”[17]

核心关系叙述

为了培养孩子健康的叙述，父母们还能做些什么？在前面的章节中，我们探讨了拥有一致的核心叙述的重要性。核心叙述回答的是有关存在及我们在世界中的位置的问题。还有一个核心叙述的重要特征我们还没有探讨，那就是它们描绘了我们与他人的关系。其他人是如何的呢？可以相信他们吗？如果与他人建立了亲密的关系，在我们需要他们的时候，他们会和我们同舟共济吗？他们最终会离开我们，去找其他人吗？很多人的核心关系叙述为这些问题提供了令人鼓舞的答案。他们相信大多数人是值得信任、可以依靠的。但有些人就不那么确定了，他们的核心关系叙述把他人描绘为不值得信任、不可靠的。

这些关系叙述来自哪里？根据依恋理论，这些叙述或称“依恋模式”源于生命早期时，我们与最初照顾者之间的关系。假设你的最初照顾者是你的妈妈，如果她很在意你，会对你的需求作出回应，提供的是一致、可靠、及时的照顾，那么你可能会养成安全型的依恋模式。如果她不是这样，那么你的依恋模式可能会不太健康。如果在你哭闹或陷入忧愁的时候，她不理睬你，那么你可能会发展出回避型的依恋模式，因而很难与他人建立亲密、信任的关系。如果她对你的关注是不一致的，一会儿在意你，一会儿忽视你，那么你可能会发展出矛盾 / 抗拒型的依恋模式，你害怕心爱的人会遗弃你，因此倾向于给予他们令人窒息的爱。如果最初的照顾者有时让你感到害怕，有时则给予你安慰，那么你可能会发展出紊乱型的依恋模式。

这些依恋模式构成了我们理解自己与他人关系的蓝图，也构成了我们用来解释他人的行为，并引导我们对他人的行为的叙述。一项研究发现，12 个月大的婴儿如果和妈妈形成了安全的依恋关系，那么他们在上小学的时候会更善于交朋友（根据老师的评价）；在 16 岁的时候，对友谊更有安全感；在 20 到 25 岁时会拥有更积极、更具支持性的恋爱关系。[18]

这是否意味着，如果在婴儿时期没有形成安全的依恋关系，那么我们余生的人际关系都不会令人满意？出现这种结果的可能性很大，但正如我们看到的，叙述是可以改变的。安全型依恋模式的孩子可以通过与照顾者的成功互动，获得更安全的模式。一些研究表明，成年人恋爱关系的品质很大程度上与他们当前的依恋模式，即作为成年人，他们看待关系的方式有关，而这不一定与他们婴儿时期的模式相同。

由此引发了一个问题，那就是如何能最好地改变依恋叙述。也许，我们可以通过某种方式帮助那些看起来难以形成亲密依恋关系的妈妈和宝宝。这似乎是一个令人望而生畏的任务，因为妈妈和宝宝可能陷入了恶性循环，妈妈对宝宝的需求不敏感，也许是因为她自己具有不安全的依恋模式，这降低了宝宝发展出安全模式的可能性，以此类推，这又构成了不安全循环链条中的一环。如果不采用心理治疗，我们如何能打破这个链条？

故事改写方法的基本假设是，如果它们能成功地重新改变叙述的关键要素，那么小干预就能够收获大益处。故事改写方法能打破不安全依恋的链条。

研究人员对荷兰家庭做了三次家访，他们的家访目标是第一次生宝宝的妈妈，而且这个宝宝非常烦躁易怒。研究人员专门选择了这样的宝宝，因为他们发脾气、哭闹比较多，所以父母很难与他们建立安全的连接。事实上，这类宝宝的妈妈特别有可能陷入恶性循环，对宝宝的回应越来越被动。一部分是因为，这类宝宝不像其他宝宝那样爱笑、爱发出各种可爱的声音，还有一部分是因为，父母回应得越被动，就越有可能导致宝宝哭闹。因此，父母变得越来越不在意宝宝的需求，他们发展出安全型依恋关系的可能性越来越小。

研究人员试图干预这种在宝宝 6 个月大的时候便开始出现的消极循环。在每次两个小时的家访中，研究人员试着让妈妈更关注宝宝发出的需求信号以及正确解读这些信号，并予以恰当的回应。当宝宝焦躁哭闹的时候，研究人员鼓励妈妈尝试各种方法来安慰宝宝，因为有些宝宝喜欢亲密的接触，而有些宝宝不喜欢。妈妈被鼓励用积极的方式来与宝宝互动，而不只是回应宝宝消极的信号。例如，研究人员教妈妈与宝宝做眼神交流。当宝宝注视着妈妈时，和他温柔地说话，眼神交流说明宝宝对互动有兴趣；当宝宝看着别处时，就保持安静。每对妈妈和宝宝都接受了这样的干预，总的目标是让妈妈对宝宝的信号和需求更关注。

与被随机分配到控制组的妈妈相比，接受干预的妈妈对宝宝的需求确实变得更敏感。这种变化的结果是，宝宝变得不那么易怒了，也变得更随和，会更多地投入到探索中。当感到心烦意乱时，他们能够更好地安抚自己。到 12 个月大时，控制组中只有 22% 的宝宝与妈妈建立了安全的依恋关系，而干预组几乎是控制组的 3 倍，达到了 62%。鉴于研究人员只做了 3 次家访，这种差异无疑是惊人的。

更妙的是，3 年后，干预组的妈妈与控制组的妈妈相比，仍对孩子的回应更积极。当孩子长到 3 岁半的时候，干预组的孩子与控制组的孩子相比，更无忧无虑、更具合作性。事实证明，这些积极的效果来自亲子依恋关系的改变。这也证明了建立安全的内在关系模式对孩子的发展非常关键。至少对一些家长来说，一个短期的简单干预就能带来依恋方面的巨大改善。就像许多其他的故事编辑干预一样，这种方法有效的部分原因在于它是自我维持的。一旦妈妈学会了更好地解读宝宝的信号，宝宝就会较少闹脾气，对妈妈的信号也会变得更敏感。积极的结果会促使妈妈继续使用这种方法，更努力地去体察宝宝的需求。[19]

防止虐待孩子

改变人们的叙述并鼓励父母重新诠释孩子耍脾气的原因，这对孩子的一生都会产生巨大的益处。

“那当然很好，”你也许会想，“但故事编辑的方法能用于比荷兰研究中情况更严重的家庭吗？”社会中存在很多病态的情况，有些父母会对孩子作出可怕的事情。仅靠这些小小的故事编辑干预肯定不会有所帮助，或者它们真的有帮助吗？

让我们来思考一下虐待儿童，这无疑是最令人发指的罪行。不过，这种现象并非十分罕见。在美国，每年大约有 90 万儿童成了虐待或忽视的受害者。2007 年，1 760 个孩子死于虐待或忽视。[20]

20 世纪 90 年代，美国卫生及公共服务部宣布，儿童虐待是全国性的紧急事务，急需实施预防方案。美国防止虐待儿童组织相信，在夏威夷发起的家访计划会有效果。从 20 世纪 80 年代开始运作的夏威夷健康启动计划（Hawaiian Healthy Start Program）会在医院里测试新手父母，并对那些有可能虐待孩子的父母提供咨询和家访服务。这个计划被认为非常有效，美国防止虐待儿童组织向全国推广了这个计划。它被重新命名为美国健康家庭计划（Healthy Families America），目前在 440 多个社区中被实施。这个计划会被推荐给有虐待倾向的新生儿父母。受过训练的工作人员会做家访、提供教养建议以及开展管理愤怒的训练。美国联邦政府和州政府每年会在这个计划上投入数百万美元。[21]

问题只有一个，那就是这个计划没有用。就像我们提到的其他符合常识的干预一样，在用严格的科学方法检验之前，美国健康家庭计划就被大规模实施了。一旦接受了检验，结果是令人失望的。例如在一项研究中，夏威夷的家庭像平常那样接受健康家庭计划的测试。那些被认为有虐待风险的家庭会被随机分配到参加这一计划的组或进入控制组，即不参与这个计划。事实证明，在因虐待而求助儿童保护机构的百分比方面（在两种条件下，百分比都非常低），这两个组之间没有什么差异，在母亲报告的体罚或身体攻击方面也没有差异，在母亲放弃作为主要照顾者的百分比方面，以及在孩子需要紧急医疗服务，如看急诊的百分比方面，也不存在差异。总之，健康家庭计划对它意欲防止的行为没有任何影响。对其他家访计划的调查也得出了相同的结论。[22]

由于健康家庭计划的初衷是好的，因此它看起来应该会有效。它之所以无效的原因有几个。例如它忽视了导致儿童虐待风险增大的一些关键变量，如虐待配偶、父母的抑郁以及父母的药物滥用。另一个可能的原因恰好源自故事编辑的方法：这个计划没有将父母解释孩子行为的方式作为目标，而它可能是儿童虐待的主要促成因素。

社会心理学家已经注意到一些奇怪的事情，那就是虐待孩子的父母似乎认为自己的孩子太执拗。当孩子调皮的时候，这些父母通常想："是他的错。"孩子性格不好，还很固执，他天生就是这样或者他故意要惹恼父母。不虐待孩子的父母更可能将孩子的坏脾气归因为容易解决的环境因素，如孩子饿了、累了或需要拥抱。另外，研究者认为，这种归因不一定是有意识的。事实上，它可能是父母无法用语言表达出来的隐性叙述。

如果是这样，那么用故事激励的干预方法来让母亲重新改变这些叙述可能会有作用。为了验证这一假设，加州大学圣巴巴拉分校的研究人员征集了一些打算参加健康启动计划的家庭。他们为这些家庭提供了一些激励，从而改变了他们对孩子耍脾气的原因的解释。[23]

以下是实验实施的方法：通过健康启动计划，圣巴巴拉分校的研究人员将目标设定为被认为有虐待孩子倾向的父母。例如，在一项研究中，有50%的父母报告说，自己在成长过程中，受到过身体虐待。在另一项研究中，被试是孩子出生时有健康问题的低收入女性。这些家庭被随机分配到三个处理条件组中的一个。其中一些家庭被分配到控制组中，他们只接受有关社区服务的信息，而不接受家访。另一些家庭参加标准的健康启动计划。在宝宝出生后的第一年中，受过训练的工作人员会平均做 17 次家访，家访之后是健康启动计划的程序，例如父母教育、愤怒管理培训和教养建议。

第三组家庭也参加健康启动计划，但额外接受故事编辑干预，以减少母亲对宝宝的责怪，让她们更多地将问题归因于可以改进的因素。家访者不是简单地给父母提供宝宝行为的新解释，而是鼓励他们自己得出这些解释。首先，他们让父母们想一些他们的孩子很难照料的例子，并想一想原因。一般来说，这些父母会把这些问题归咎于难以改变的因素，通常会责备自己的孩子。例如，一位妈妈会说，在晚上喂完宝宝后，他如果还是哭个不停的话，那肯定是宝宝在生她的气或故意气她。此时，家访者问这位妈妈，她是否能想出宝宝哭个不停的其他原因。家访者会不断问这个问题，直到妈妈想到一个不怨宝宝，且较容易纠正的原因。例如，过了一会儿，妈妈可能会说："也许宝宝今晚消化不良。"家访者会不断问问题，直到妈妈想到解决问题的新策略，例如，"我可以试一试不同的配方奶，在他吃完后，多拍拍背，让他把嗝都打出来"。下一次家访时，家访者询问妈妈这种策略是否有效，如果效果不佳，就和妈妈探讨换一种策略。然后在照料宝宝的其他问题上重复这一过程。通过几次这样的干预，研究人员希望父母会较少责怪孩子，并找到他们比较容易实施的解决行为问题的方法。

在这个长达一年的计划结束的时候，父母要报告宝宝的健康状况，还要报告他们使用虐待性教养方法，如打、摇晃、拍孩子等的情况。与之前的研究结果一样，单独的健康家庭家访没有产生什么影响。在这个条件组中，23% 的孩子受到了身体虐待，控制组为 26%，这种差异没有达到统计学的显著水平。然而，正如研究人员预测的，故事编辑干预是有效的：在这个条件组中，仅有

4% 的孩子受到了身体虐待。对没有达到法定虐待定义的体罚，如打屁股、扇耳光的研究，也得到了类似的结果。在控制组和健康家庭组中，42% 的父母报告说使用了这种惩罚方法，而故事编辑组中只有 18% 的父母使用。在随访研究中，研究者发现，故事编辑的干预减少了孩子受伤事件出现的次数，降低了孩子体内皮质醇（皮质醇是指示压力水平的激素）的水平，改善了孩子的认知功能。

方法园地

如果你是父母、祖父母或是会与孩子在一起度过很多时间的人，我希望你能从本章中学到一些实用的经验。以下是一些方法，当你试图重新改变孩子的叙述时，记住这些方法。

避免过度操控型的教养风格。过度操控的父母会阻碍孩子形成自主感和目标感。我当然不是建议你走向另一个极端，变成放任自流，那样你的孩子将学不到自控或自律。我们都看到过无法对孩子说“不”的父母，他们最后只能听任孩子所有的意愿和心血来潮。达到理想的中间状态的方法是运用最低限度原则。你少量地给予奖励和惩罚，强度足够让孩子做你想让他做的事，又不会强到让孩子认为奖励或惩罚就是他们行为的原因。如果你采用这种原则，孩子便有可能内化好的价值观和性格特点，而不是相信自己是为了钱或为了避免爸爸妈妈生气才做这件事的。正如我提到的，说起来容易做起来难，因为事先很难判断最低限度是什么。例如，何种程度的威胁足够让十几岁的孩子不会在开车时发短信？对他说“我们会有点不高兴”也许强度太低，且这可能会导致灾难性的后果。对于这种危险行为，宁可让威胁偏向过强的一面，至少一开始要这样，尽管这有走极端的可能。

恰当地给孩子的行为贴标签。当孩子作出好行为的时候，给这些行为贴上赞许的标签会有所帮助。你可以说："你肯定是一位可靠的司机。"或者说："看起来你是那种喜欢阅读的人。"同样注意不要走极端。我的孩子喜欢拿我给行为贴标签的笨拙尝试开玩笑，他们用单调的声音重复道："爸爸，我们知道，我们不是为了吃到甜食才吃蔬菜的，我们好爱蔬菜呀。"另外，你要留心自己使用的是哪种标签。正如卡罗尔·德威克的研究所示，以固定心态的方式给孩子的成功贴标签是有害的，如"你真是一个有天赋的运动员！"较好的贴标签方式是能够暗示成长心态，如"你的练习得到了回报！"

培养安全型依恋模式。在本章的最后，我们看到了核心依恋叙述的重要性。从孩子一出生开始，关注他们的需求，始终如一地用适当的爱与关心去回应他们。这样做将培养出孩子安全型依恋模式。在成长过程中，这种模式对他们会有好处，并帮助他们在人生中与他人建立连接。除了自主感和目标感之外，也许，我们能给予孩子的最宝贵的礼物就是这种叙述，它有助于孩子形成亲密、信任的人际关系。

用积极诠释防止青少年怀孕

05

有些人说，父母所能做的就是在孩子十几岁的时候屏息以待，在他们长到20多岁的时候大大松一口气。青少年时期是出了名的艰难，对孩子和父母来说都是如此。很多乖巧、天真的10岁孩子到了13岁时，就会变得很情绪化，他们最不愿意做的事情就是听父母的话。当然并不是所有的青少年都会如此叛逆，但十几岁的年纪正是孩子进入青春期，变得更独立的时期。他们寻求同龄人的认可，感受到学业压力的增加。很多人都不愿再次体验那段日子。

如果让父母把他们对自己十几岁的孩子最大的担忧列出来，我相信每个清单上都会有这三个担忧：怀孕、暴力和药物滥用（包括酒精）。无数前程似锦的青少年因为这些问题而误入歧途。为防止这些问题的出现，我们在教养及社会方面付出了巨大的努力。在本章中，我们将探讨青少年怀孕的问题。目前，在美国，青少年怀孕的比例很高。但是，数百万美元被用于毫无效果的预防项目。与此同时，体现故事编辑方法的项目已经显示出了有效性。

让我们从阿曼达说起。她是马萨诸塞州格洛斯特高中（Gloucester High School）2008 级毕业生，她对年轻的朋友有一条建议：不要成为少女妈妈。阿曼达通过自己的经历发出了这样的感慨，因为她在上初三的时候，生下了一个女儿。有时同学们会走过来对她说她有多幸运，但阿曼达纠正他们说："当凌晨 3 点，婴儿大哭着要奶吃的时候，你很难有被爱的感觉。"格洛斯特高中另一位少女妈妈克里斯汀对此表示赞同。"对任何人，包括我自己来说，这都不是一个好主意，"她说，"你失去了一切。"

然而，阿曼达和克里斯汀的建议似乎成了耳旁风。2008 年 6 月，格洛斯特高中的女孩们因为签订了怀孕协定而上了国际新闻的头条，她们发誓要尽快怀孕。尽管学校官员否认存在这样的协定，但有一件事是很清楚的，那就是与前一年相比，这所高中的怀孕人数增加了 3 倍。有 17 个女孩怀孕了，其中没有一个人超过 16 岁。

权威人士很快指出了怀孕人数激增的原因。自由派指责学校没有提供性教育，学校还禁止校内诊所提供避孕用具。保守派指出，马萨诸塞州拒绝了联邦基金提供的以节欲为主要内容的教育。其他权威人士认为，这些女孩在模仿诸如杰米·斯皮尔斯（Jamie Lynn Spears）这类少年名人。杰米·斯皮尔斯 16 岁怀孕。非常巧合的是，在她产下女婴的同一周，格洛斯特高中的女孩就成了新闻头条。[1]

无论是什么原因，这个问题都不仅发生在格洛斯特高中。2008 年秋天，在弗吉尼亚州亚历山大市的一所高中，有 70 个女孩怀孕了。学校护士指出不是所有的怀孕都是因为意外。"我知道一些女孩制定了'如果你怀孕了，我也会怀孕'的协定，"她说，"这是一种常态。这些女孩在校园里走动，告诉对方怀孕让她们看起来有多漂亮，她们的肚子有多可爱。”这所高中的一个名叫辛西娅的女生在 15 岁时生下了一个男孩。一年后，她每天的生活基本上是这样的：早上 6 点起床，给儿子喂饭、穿衣服，然后把他放到高中校园里的日托中心，再赶去上 7 点 50 开始的课程。放学后，她和儿子玩一会儿后，就开始写作业。下午 5 点到晚上 10 点，她要去超市兼职收银员，在此期间，她会把儿子托付给自己的妈妈。晚上她回到家，把作业做完，然后睡觉。第二天早上 6 点又开始重复上述例行事务。“我爱我的儿子，”她说，“但是如果没有他，我就不必放学后去上班，就可以用更多时间来学习，可以做一个正常的少女。”[2]

阿曼达、辛西娅这类年轻妈妈的故事令人咋舌。这些女孩在想什么？不要忘了她们的孩子的父亲。难道这些男孩和女孩不知道他们在冒险吗？不知道成为少年父母的后果吗？不过，在指责他们之前，想想曾经的我们也许会有所帮助。当我们自己十几岁的时候，有多少人有过类似的经历？我们独自与初恋情人在一起，体验着情感的涌动以及比想象中更强烈的爱。我们也许在家里，且父母都不在，又也许我们在荒僻的公园里或者在汽车的后座上。我们笨拙地摸索着扣子、搭扣和拉链，从这里开始，故事向着不同的方向发展下去。一些人就此打住，决定长大一些之后再尝试性爱。不过这些人属于少数。最近的统计结果显示，美国 1/3 的初三学生有过性生活，这一比率在高三学生中是 65%。这些比率看起来虽然有点高，但需要注意的是，跟过去 15 年相比，这些比率实际上还降低了一点。

当我们十几岁的时候，一些人是在仔细地计划后才发生性行为的，例如购买并使用避孕套。然而，很多人并没有计划。如今，38% 的青少年说，他们的前一次性行为没有使用避孕套。不需要统计数据，我们也知道一切是如何发生的：一对 15 岁的少男少女独自待在家里或在汽车的后座上，他们会想：“不会有糟糕的事情发生的，就这么一次，不是吗？”很多青少年是幸运的，他们没有怀孕或感染性病。然而，还有不少青少年就没有那么幸运了。在今天的美国，每 3 个 20 岁以下的女孩中，就有 1 个会怀孕，一年出生的婴儿数超过 40 万。美国的少女怀孕、性病感染及流产的比例高于其他大多数工业化国家，其中包括加拿大、英国、法国、日本和荷兰。为此付出的代价是巨大的：少女妈妈更有可能在高中时辍学、一直保持单身、生活贫困。她们的孩子更有可能被虐待，更有可能被送进寄养家庭，在上幼儿园的时候，这些孩子在常识、数学和阅读技能方面通常会低于平均水平。这些孩子往往在高中时辍学，也更有可能成为少年犯或年轻的成年罪犯，即使我们考量了妈妈的社会经济地位及其他相关因素，这种趋势依然存在。[3]

当然，少女怀孕不是一个新问题。几十年来，很多学校都会提供性教育，试图降低少女怀孕的比例。根据你的年龄和上学地点，你可以参加一个秘密的课程，课程由尴尬的体育老师来教授，或者你也可以参加几堂有关生殖和避孕的课程，把它们作为综合性家庭生活课程的一部分。很多社区也都有支持少女妈妈的项目，以减少她们在十几岁的时候再生另一个孩子的可能性，要知道在少女妈妈中，多次生育的现象很常见。问题是，这些项目有效吗？故事编辑的方法能够提供什么帮助？正如我们将看到的，学校和家长可以采用一些非常有效的策略。

性教育与节欲教育

美国的性教育历史可以追溯到 20 世纪初，那时，维多利亚时期反对公开谈论性的禁忌开始发生改变。到 20 世纪 20 年代，美国有超过 2 500 所高中提供性教育，但教育方法千差万别。一些学校会给学生展示性病的可怕后果的生动图片，而另一些学校则会采用更离奇有趣的方法，例如在堪萨斯州的高中，学生会被带到当地的珠宝店，学习如何购买结婚戒指。到 20 世纪 30 年代，一些大学则会提供粗浅的性教育。例如在纽约州的一所女子大学里，大学的校长和他的妻子会与学生们坦诚地探讨家庭生活。[4]

性教育通常是有争议的，而在动荡的 20 世纪 60 年代，情况尤其严重。计划生育（Planned Parenthood）医学负责人玛丽·卡德隆（Mary Steichen Calderone）倡导对性和避孕更开放的探讨，而不是一味强调节欲。1964 年，她成功推翻了美国医学会的政策，该政策禁止医生与病人谈论避孕。与此同时，与 20 世纪 60 年代反主流文化运动的背景以及它所宣扬的“自由的爱”相反，保守团体对公开传播避孕和流产的信息提出了警告。

有关性教育的争论一直持续到了今天。1996 年，美国国会通过的社会保障法案为性教育提供资金，但只资助以节欲为基础的方法。该法案将节欲教育定义为：“其唯一目的是，教授通过节制性活动可以实现的社会、心理及健康改善”的项目。该法案说，除了其他危害之外，“婚外性行为还可能带来有害的心理和生理影响”。如今，性教育仍是美国文化争论的一部分。对自由派来说，让汽车后座上激素旺盛的青少年在衣服脱到一半的时候说“不”看起来太天真了。对保守派来说，应该是父母而不是学校来决定青少年接受什么样的性信息。有些人担心避孕知识会让婚前性行为对青少年更具诱惑力。[5]

在 2008 年美国总统大选之前，性教育的两极化达到了荒谬的程度。支持约翰·麦凯恩的电视广告宣称，奥巴马赞成对幼儿园的孩子开展“全面的性教育”。“难道在学习阅读之前就学习性？”广告拖着长音说道，“奥巴马。在教育上是错误的，对你的家庭也是错误的。”真实情况是，在奥巴马担任伊利诺伊州参议员时，他支持强制的适龄的性教育议案，该议案是要教授幼儿园的孩子有关不当接触和性侵犯的知识，而不是向他们描述性交并提供避孕套。而且父母如果不希望孩子参加这种教育，还可以选择退出。[6]

当谈及防止青少年怀孕时，我们应该用科学的方法来检验什么方法有效，什么方法无效，而不是为了政治加分。是的，在道德层面上，人们在婚前性行为和避孕的适当性这两个问题上无法达成一致。但是，不管我们在这些问题上的立场如何，调查教育项目是增加还是减少了青少年发生性行为的可能性，以及是否防止了意外怀孕，对每个人都是有益的。奥巴马政府支持这种方法，拨出联邦资金用于性教育项目。据说，这些性教育项目“经过严格的评估，且被证明是有效的”。[7]

与我们在本书中论及的其他问题不同，少女怀孕现象近些年来得到了严谨的研究。研究人员对性教育项目做了一些设计良好的实验检验。我猜测其中的原因是，很多人将少女怀孕和性病看作医学问题，他们有责任对用于预防这些结果的项目做科学检验。然而，这个领域也存在着很多“水疱法”的例子，即那些常识告诉我们应该有效，但实际无效的项目。

知道了就会拒绝吗？

让我们从节欲教育是否减少了青少年发生性行为的可能性开始谈起。保守的智囊机构传统基金会（Heritage Foundation）发表了一篇文章，其结论是“可靠的节欲项目是减少未婚怀孕以及提高年轻人幸福感的重要工作”。然而，如果仔细查看一下证据，我们便会发现，这最多也只能算是不成熟的结论。[8]

1997 年，研究人员检视了所有已出版的、用来检验各种防止怀孕项目有效性的研究。他们使用的是元分析的方法，这种方法会结合各个单一研究的结果，形成对有效性的整体估计。结果是令人鼓舞的：参加防止怀孕项目的女孩怀孕的可能性明显比没有参加的女孩低。然而，当检视项目的类型时，结果显示，避孕项目比节欲项目更有效。[9]

在这项综述被发表的同一年，美国国会批准对节欲项目进行评估，也就是说，批准对政府资金支持的强制性节欲教育进行评估。也许有人会问，这难道不是把车斗放在了马的前面吗？每年先为这个项目投入5000万美元，然后再去评估它。但不管如何，这项评估是由无党派的私营研究公司数学政策研究公司（Mathematica Policy Research）实施的。研究使用了真正的实验设计：在4所不同的学校，2000名少年被随机分配到参加节欲项目的组或控制组中。结果如何呢？在避免发生性行为及第一次性交的年龄方面，研究者发现节欲项目对参与者没有显著影响。例如，在节欲项目开始后开展的42个月及78个月的追踪调查中，无论是参加项目者还是未参加者，报告自己仍是处子之身的少年比例是相同的，都是49%。[10]

我们应该认识到，所有有关青少年性行为的研究都有一个缺陷：它们依赖于青少年的自我报告。显而易见，研究人员不能跟着青少年们进入他们的卧室或汽车后座，不能观察他们实际做了什么。被试有可能不会完全说出自己的越轨性行为，这使评估项目的效果变得很难。研究人员向被试保证，他们的回答完全保密，试图以此来解决上述问题。确实有很多少年根据调查的要求报告了自己性行为的情况。

数学政策研究公司的研究还存在另一个局限，那就是它只检验了4种节欲项目。尽管研究人员尽量选择了具有典型性的节欲项目，但也许还存在其他效果更好的项目。为了提供更广泛的参考，另外一些研究人员访谈了全美15～19岁的1700多名具有代表性的青少年。他们把这些青少年分成了3个组：从未接受过性教育的青少年；只接受过节欲教育的青少年；接受过全面性教育的青少年，包括节欲和避孕知识。结果如何？只接受节欲教育的青少年，与没有接受任何性教育的青少年相比，在性生活方面并没有更节制，也没有更少地怀孕。然而，接受全面性教育，包括接受避孕信息的青少年发生性行为和怀孕的可能性都降低了。[11]

全国性调查的优势在于它囊括了美国所有有代表性的样本，使我们可以将结论一般化，而不只是局限在几个特定项目上。当然不足之处在于，被试不是被随机分配去接受某种性教育的。尽管研究者利用统计方法控制了可能影响结果的变量，如性别、年龄、种族、家庭结构、社会经济地位及居住地区等，但我们不能排除的是那些未被测量的变量导致结果出现偏差的可能性。然而，与数学政策研究公司对青少年随机分组的研究相结合后，这项调查便自然地引发了对节欲教育是否有效的质疑。

坦白地说，统计上没有显著效应只是说结论没有价值，但它并没有证明这种方法是无效的。例如，也许研究中的样本过小，因此检测不出任何效果。可能对节欲教育的最公正的总结来自美国一个非营利团体发表的一份更为深入的报告。该团体致力于降低美国青少年怀孕率。这份报告总结道："研究发现，没有任何强有力的证据能证明，某种节欲项目能够推迟首次性交的时间，尽管这些证据暗示，有些研究发现一个或多个项目具有积极的影响。"

事实上，最近一项研究发现，有一种节欲项目是有效的。在这项研究中，六年级和初一的非洲裔美国学生参加了两次强调节欲重要性的课程，每次课程持续 4 个小时。孩子还接受了性病知识的教育，并接受了如何抵御同伴性交压力的培训。这一研究的发起人很快指出，他们的干预与节欲教育的联邦准则不同。它并非说教式的或宗教性质的，而是强调只有在孩子准备好处理性行为的后果时，才能有性行为，而不是要求他们必须等到结婚以后才可以发生性行为。另外，该项目不贬低使用避孕套，相反，它纠正了孩子对避孕套效果的误解。从某种意义上说，这项干预是节欲教育和性教育的结合。这种结合是有效的：接受干预的少年在之后的两年中有 1/3 发生了性行为，而被分配到控制组的少年，则有近半的人在之后的两年中发生了性行为。[12]

其他许多研究发现，针对青少年的避孕教育能够防止怀孕。没有证据显示，性教育提高了青少年性行为发生的可能性。

无效的干预

丽莎住在北加州的海波恩特（High Point），她 14 岁的时候生下了一个健康的女婴。在很多少女开始了解男孩、社交网站和高中代数时，丽莎辍学了，而且她开始设法养活自己和孩子，当时她的男朋友在监狱里。正如我们看到的，在十几岁的时候生下孩子，这对孩子和妈妈都可能会造成不良后果。当少女妈妈有了第二个孩子时，各种问题会混杂在一起，这种情况并不罕见。在美国，25% 的少女妈妈在 20 岁之前会再生一个孩子。[13]

一些项目的目标是防止少女妈妈再次怀孕。北卡罗来纳州和科罗拉多州的两个项目，采用了一种令经济学家叫好的方法：付钱给没有再次怀孕的少女妈妈。北卡罗来纳州的项目叫“每天一美元”（Dollar-A-Day），它是北卡罗来纳大学护理学院的独创。科罗拉多州的项目也叫“每天一美元”，它是由当地的计划生育分部发起的。正如项目名称所暗示的，只要没有再次怀孕，这些项目每天会付给少女妈妈一美元。每周还有会面，年轻妈妈们可以互相交流，聊聊自己的问题，还可以从专业人士和其他更年长的成年人那里得到建议。

这些项目有效吗？丽莎参加了北卡罗来纳州的项目，她认为项目会有效。“我知道自己很长一段时间都不想要孩子了。”几位研究北卡罗来纳州项目的研究论文作者也认为会有效，他们将这种努力描述为“其他人竞相模仿的典范项目”。公共健康教育者琼·沃克曼（Jean Workman）对此表示赞同：“我们发现，始终参与这个项目的少女妈妈没有再次怀孕。有2到4周没有参加的女孩可能会再次怀孕。”对北卡罗来纳州项目更正式的评估得出了同样的结论，65个参加项目的女孩中，只有10个在参加项目之后的头5年中怀孕了，这一比例“显著低于其他项目报告的30%～35%的再次怀孕率”。[14]

现在，甚至连我这样一位对社会干预评估的方式持怀疑态度的专业人士，一开始也会觉得项目的效果非常显著。然而，通过阅读本书，我们将知道应该更细致地审视数据。不过，这样做的结果是该项目的有效性受到了质疑。首先，琼·沃克曼的观察结果显著地表明了其中只存在相关关系，而非因果关系。参加项目的女孩没有怀孕，并不意味着项目导致了令人满意的结果。这可能是典型的“第三变量”状况：导致女孩再次怀孕的原因，如心理问题、药物使用以及她们的家庭处境也是令她们更有可能退出项目的原因；换句话说就是，参加项目之前就不太可能再次怀孕的女孩，更有可能坚持参加项目。参加项目的女孩中有15%的人怀孕，这一事实具有暗示性，由于没有控制组，所以我们不能确定较低的怀孕率就是因为参加了项目。事实上，怀孕率有多低并不清楚，且再次怀孕率更接近25%，而不是评估者作比较时所采用的30%～35%。

不过，有更多的原因令我们不得不怀疑这些项目的有效性。研究人员用实验检验了科罗拉多州“每天一美元”项目，结果令人失望。他们把最近刚生过第一个孩子的少女妈妈随机分配到4个条件组中：标准项目组，该组中的少女妈妈每周参加与其他少女妈妈的会面，只要没有怀孕，每天都会得到一美元；只参加会面组，该组中的少女妈妈每周参加团体会面，但每天不会得到一美元（得到一美元和得不到一美元的妈妈参加不同的会面）；只有物质激励组，即只要没有怀孕，每天都会得到一美元，但不参加会面；既不参加会面，也得不到物质激励的控制组。

物质激励提高了团体会面的参加率。在只参加会面组中，仅有9%受到邀请的少女妈妈参加了一次或多次会面。如果每天支付一美元，则有58%的少女妈妈会参加一次或多次会面。到目前为止一切都很好，金钱让很多女孩参加了会面。但是，会面达到防止再次怀孕的预期效果了吗？很不幸，没有证据能证明这一点。也没有证据证明，单单采用物质激励就能降低怀孕率。

在两年后做的随访研究中，39%的女孩再次怀孕，4个条件组之间没有显著差异。无论研究人员是查看被随机分配到4个组中的所有妈妈，还是只查看确实参加了会面的妈妈，结果都没什么差异。例如，考虑被随机分配到标准组的女孩和确实参加了会面的女孩，其中1/3的人会再次怀孕，这与控制组的怀孕率没有显著差异。研究者甚至暗示，团体会面会带来消极影响："一些年轻的妈妈……常常会彼此强化不坚持避孕的行为，会加深对推迟再次生育的矛盾心态。"我们将在下一章中看到，把有可能出现行为问题的少年聚集在一起，会带来意想不到的反面作用。结论是："每天一美元"防止怀孕的项目就是"水疱法"的一个例子，也许同时还属于"放血疗法"的一个例子，即害处大于益处的常识性方法。[15]

志愿活动的好处

让我们设想，马萨诸塞州格洛斯特高中的校领导请我们来降低学校的怀孕率，或者北卡罗来纳州和科罗拉多州的官员向我们征求推迟少女妈妈再次怀孕的建议。到目前为止，我们知道节欲项目不会有效，给少女妈妈每天一美元，让她们每周参加会面的方法也达不到预期的结果。我们还知道，提供避孕信息能防止怀孕，但这在政治上是一块烫手的山芋，特别是格洛斯特高中所在的城镇，那里占主导地位的宗教是罗马天主教。即使我们能说服校区和家长接受全面的性教育课程，那么除此之外，我们还可以做些什么呢？

根据故事编辑的方法，我们应该试着改变青少年的叙述，让他们不太可能进行未受保护的性行为。那么让青少年有怀孕风险的叙述是什么？研究发现，感到自己与学校和社区脱离，以及感到被疏远和排斥的青少年特别容易怀孕或让别人怀孕。我并不是说，未受保护的性行为是青少年有意识的反叛行为。感到被疏远会以很多方式为青少年带来风险，如影响他们和谁一起外出玩耍，以及对未来有何种计划。换个说法就是，那些感到自己是社区的一分子、对未来有清晰目标的孩子，不太可能发生未受保护的性行为。[16]

我们如何能将这些青少年这种具有疏离感的叙述改变成具有参与感的叙述呢？也就是说，如何让他们相信“我是社区和学校受到重视的一个成员”而非“我不适合这里”呢？事实证明，有效的方法是让青少年经常参与社区的志愿者工作。你可能觉得难以置信。施济所或养老院的志愿者工作跟青少年怀孕有什么关系？这与第 1 章探讨的“做好事，成好人”原则有关。

要想改变一个人对自己的看法，最好的方法是先改变他的行为。让处境危险的青少年从事志愿者工作会给他们的自我观带来有益的改变，培养他们是社区中有价值的一员的观念，降低他们参与包括未受保护的性行为在内的危险行为的可能性。

至少有 3 个经过良好检验的项目被证明是有效的。第一个是圣路易斯学校（St.Louis School）的管理者布伦达·豪斯泰勒（Brenda Hostetler）在 1978 年开创的青少年拓展计划（Teen Outreach Program）。这个计划针对初三到高三的学生，它包括有组织的社区服务以及每周的班级课程。学生们在课堂上讨论他们的志愿者经历以及与青少年发展有关的问题。学生可以选择的志愿活动很多，包括在养老院和医院做帮手、参加慈善募捐的路演以及为同龄人辅导功课。计划要求学生在一年中至少参加 20 个小时的志愿服务，而很多孩子的服务时间都超过了这个最低要求。

班级课程包括小组讨论、角色扮演、嘉宾演讲和课堂练习。除了为学生们提供讨论志愿经历的机会外，课程还会关注诸如青少年人际关系、价值观、沟通、同伴压力、目标设定，还有性等问题。作为后期讨论的一部分，青少年会接受性教育，包括避孕及性病的信息。然而，检验该计划的研究者强调，性教育不是这个计划的主要内容，事实上它只占班级课程的 15%。[17]

在圣路易斯初步尝试后，在国际少年联盟协会（Association of Junior League International）和美国学校管理者协会（American Association of School Administrators）的赞助下，青少年拓展计划被推广到了其他城市。与大多数社会干预相比，对该计划的检验更加严格。其中一个实验将 25 个地点的学生随机分配到参加青少年拓展计划组和不参加的控制组。这个实验的结果预示了光明的前景：参加该计划的女孩，其怀孕的可能性只是控制组女孩的一半。该计划在防止首次怀孕和防止少女妈妈再次怀孕方面同样有效。该计划对孩子们的学业表现也有积极的影响。

青少年拓展计划增加了青少年，特别是年龄较小的青少年的自主感，以及改善了他们与父母和同龄人的关系。也就是说，志愿者工作改变了参与者的自我叙述，培养了他们是社区重要一员的观念。记住，最有可能怀孕的青少年是那些感到与学校和社区脱离，觉得被疏远、被排斥的青少年。志愿者工作能够有效地纠正这种疏离感，让青少年更有参与感和连接感。

然而，敏锐的读者会注意到，青少年拓展计划包括社区服务和班级课程两部分，因此很难判断是否就是志愿者工作本身带来了成功的结果。班级课程部分包括有关避孕的性教育，我们已经知道，这有助于降低怀孕率。也许计划成功的关键是课堂指导，而不是志愿者工作。

幸运的是，另一个计划，即健康社区青年服务计划（Reach for Health Community Youth Service）为这个问题提供了答案。20世纪90年代初，纽约市的中学实施了该计划，其主要针对的是非裔美国学生和拉美学生。像青少年拓展计划一样，健康社区青年服务计划的主要组成部分是社区服务，初一和初二的学生每周平均用3个小时的时间在各种社区场所，包括疗养院、老人中心、医疗门诊及日托中心等从事志愿者工作。像青少年拓展计划一样，这些学生每周参加有关青少年发展的班级课程，其中包括性教育。不过，与青少年拓展计划不同的是，控制组的学生每周也参加班级课程。也就是说，所有18个班级被随机分配到只接受计划的课堂部分组或接受课堂部分并参加社区服务组。这使我们能够评估志愿者工作的额外益处。

结果是令人鼓舞的。首先，研究人员调查了计划开始前报告自己仍是处子之身的学生比例，以及计划结束后仍没有发生性行为的学生比例。到高一时，即在参加健康社区青年服务计划的两年后，社区服务组的青少年中有50%的人仍没有发生性行为，控制组中的比例为37%。其次，到高一时，研究人员问这些青少年，他们在前3个月中是否有性生活时，社区服务组中有41%的青少年回答有，而控制组中有58%的青少年回答有。因此，参与志愿工作推迟了青少年首次发生性行为的时间，在计划结束两年后，它降低了性生活的频率。[18]

未学到的教训

另一个包含社区服务的干预是量子机会计划（Quantum Opportunities Program）。1989年，福特基金会（Ford Foundation）开始了试点计划，目标是美国5个城市中的高风险青少年。该计划从初三开始，一直持续到高中结束。孩子们每年要接受250个小时的教育援助，例如作业辅导、同伴教学以及250个小时的发展援助，例如家庭生活技能培训、就业指导、大学规划。另外，学生们每年还要参加 250 个小时的社区服务，并可以获得少量的奖学金。研究人员采用实验的方法检验了这个计划。接受政府援助的家庭的青少年被随机分配到参加计划组和不参加计划的控制组中。结果如何？与控制组的青少年相比，参加该计划的青少年怀孕生子的可能性更低，更有可能读完高中，进入大学。[19]

鉴于结果非常令人鼓舞，因此，福特基金会和美国劳工局共同资助了在美国 7 个城市开展的更大规模的干预。试点计划只涉及了 125 名学生，而全面计划涉及了近 600 名学生。这些学生是从符合条件的大量学生中被随机选出来的，他们将从初三到高三一直参与这个计划。

不过，这个全面计划没有复制试点研究的有益效果。被随机分配到计划组和不参加计划的控制组中的青少年，无论是在教育结果，如完成高中学业的可能性，还是在行为结果，如成为少年父母的可能性方面，都没有表现出显著的差异。事实上，甚至有证据显示，这个计划产生了负面效果：与控制组的青少年相比，参加量子机会计划的青少年更有可能被拘捕或犯罪，它完全有资格获得“放血疗法”的“殊荣”。这个计划没有产生预期的好效果，反而让一些孩子成了罪犯。

发生了什么问题？事实证明，在实施量子机会计划的方式上，每个城市都被给予了相当大的自主权，没有一个城市采用了完整的课程设置。特别是多数城市的管理者决定专注于计划的指导方面，而没有充分实施社区服务的部分。从青少年拓展计划以及健康社区青年服务计划中我们得知，社区服务正是会产生有益影响的部分。令人惋惜的是，投入超过 1 500 万美元、历时 5 年的项目中缺失了最关键的成分。更令人惋惜的是，计划保留了一个被证明有负面影响的部分，即定期将高风险的孩子们召集到一起，这也许是干预组的犯罪率会上升的原因。[20]

政策制定者几乎不会从过去的研究中吸取经验教训，而且为此付出了巨大的人力和财力代价，这实在令人难以置信。在决定解决社会和行为问题的方法时，政策制定者通常遵循常识，而不是科学数据。当各地好心的量子机会计划负责人看到全部课程时，与把孩子们召集在一起上有关生命发展的课程相比，社区服务可能被看成是多余的或没用的附属品。这很有道理，不是吗？但常识是错误的，就像以前通常会发生的那样。最后，正是像阿曼达、克里斯汀、辛西娅和丽莎这样的青少年为此付出了代价，她们本可以通过被证明有效的、费用相对低廉的干预而获得帮助。

方法园地

对于想降低青少年怀孕率的学校管理者来说，以下是一些很明确的教益：摒弃节欲教育，至少摒弃不允许公开讨论避孕的那种说教形式的节欲教育；实施探讨避孕问题的性教育；鼓励青少年参与志愿者工作。如果你有还在上学的孩子，便应该查明学校提供的是什么类型的性教育以及志愿活动，并且要询问证明这些计划有效的证据。

日常生活中的我们该怎么办？对于父母和青少年来说，有一些相当有趣的启示。很清楚的一条是，我们必须尽力避免让孩子感到疏离或被排斥。当然，这不是什么新建议。疏离和痤疮都是青春期的一部分。

不过，疏离并非不可避免。关键在于让你的孩子感到自己是有意义的一个大整体的一部分。达到这一目的的方法之一就是，让他们参与志愿者工作。不过，在流浪者庇护所给无家可归者舀汤，并不是让孩子们获得连接感的唯一方法。为全国性的政治运动服务也会产生很好的作用。看一看 2008 年奥巴马竞选时年轻志愿者的热情，以及 2010 年年轻保守派的激情。青少年同样可以参与一些当地市政议题。这样做的一个附带好处是，他们会与参与同一团体的同龄人交上朋友，而不是与坏孩子成为朋友。

你也许会说，这一切都很完美，但如果孩子把所有时间都花在给朋友发短信或玩电子游戏上，而对施舍食物或政治运动毫无兴趣，该怎么办？这是一个很好的问题，因为如果人们越觉得自己是被驱使着去做某事，就越不可能喜欢这件事，更不可能坚持做下去。尽管对此没有神奇的解决方法，但有一些事情是父母们可以做的。其中之一就是引导孩子的兴趣。如果他们喜欢运动，就帮他们在这个领域中找一些做志愿者的机会，如在贫困孩子的体育联合会中担任裁判或助理教练。如果他们喜欢音乐，可以组织一个乐团，去养老院或日托中心演奏。另一种方法是父母与孩子一起做志愿者工作。我们有时会忘记自己应当以身作则，孩子是敏锐的观察者，常常从我们的行为，而不是言语中学会更多的东西。

REDIRECT

THE SURPRISING NEW SCIENCE OF PSYCHOLOGICAL CHANGE

06 用积极诠释减少青少年暴力

托德必须采取行动了。他在加州奥克兰市做了 15 年的青少年橄榄球教练，看到一批批的孩子出了问题。很多孩子横死街头，成了暴力的牺牲品。“很多孩子被杀死，我正在失去他们，”托德悲叹道，“我将参加的不是他们的毕业典礼，而是他们的葬礼。”就像托德了解的那样，暴力事件不成比例地侵袭着年轻人。2006 年，在 10 ～ 24 岁的年轻人中，他杀是第二大致死原因，仅次于事故。对于非裔美国年轻人来说，他杀是第一大致死原因。从 1995 年开始，青少年的暴力犯罪数量曾一度减少，但近年来又开始出现回升。[1]

托德想知道如何才能让这些孩子理解其中的危险。如何能说服他们不在街道上逗留，并远离犯罪和暴力？他想，也许吓唬他们会有效。托德发现一个名为恢复城市内在安宁（Restoring Inner City Peace）的计划。该计划向青少年生动地展示了如果他们卖毒品、和坏人一起消遣，可能会惨死在什么地方。他把一群年轻人带到当地的墓地和殡仪馆，让他们摸一摸运送尸体进太平间的轮床。“如果你死了，我们把你放在轮床上，在你的脚趾上贴一个标签，”他告诉孩子们，“然后把你放进冷藏箱里。”孩子们听入殓师讲解整理满是弹孔尸体的方法，听坐过牢的人谈监狱中的生活。这些信息会被充分理解吗？塔里斯是一名 15 岁的少年，他参与了这个计划，并认为自己理解了。“它提醒着那些我不能去的地方，”塔里斯说，“我认为自己现在对跟什么朋友一起出去玩、什么地方可能有糟糕的事情发生，变得更留心了。我会远离它们。”[2]

托德是令人敬佩的，他的行为是出于良好的意愿，对于看到的问题，他会采取行动，而不只是抱怨。他甚至做起了第二份工作，为当地殡仪馆运送尸体，这样他就可以把孩子们带到那里，让他们看看轮床和棺材。但他这种“恐惧威慑”的方法存在一个问题，那就是它没有效果。事实上，这样做的害处可能大于好处，甚至会增加孩子们未来犯罪的可能性。

“恐惧威慑”一词是从 1978 年开始流行起来的，源于一部获奖的同名纪录片。该纪录片描述了新泽西州拉威州立监狱（Rahway State Prison）一群囚犯运作的一个计划。这些囚犯的刑期都在 25 年以上，他们想为社会做点好事，于是想到了一个主意，与高风险的孩子会面，让他们了解真正的监狱生活。他们认为，这种“震撼的体验”会让孩子们不敢犯罪。他们与监狱负责人、当地警长及青少年法庭的法官合作，开创了青少年警示项目（Juvenile Awareness Project）。在该项目中，一小群青少年，特别是 12 ～ 18 岁的青少年会参观监狱，与囚犯见面。过程通常是这样的：他们听囚犯们讲述监狱里的可怕经历，包括绘声绘色地描述强奸和谋杀。纪录片在电视上播出后，在美国国内和国外，发起了 30 多个类似的计划。

1999 年，另一个电视纪录片被播出了，名字是《恐惧威慑！ 20 年后》

（*Scared Straight!20 Year Later*），它进一步吹捧了这种干预的功效。当初参观拉威州立监狱的孩子现在已经30多岁了，在接受采访时，大多数人说这个计划对他们有帮助。两部纪录片的制片人阿诺德·夏皮罗（Arnold Shapiro）对此并不感到吃惊。自从第一部纪录片播出后，他说："我都说不清有多少人告诉我：'我是少年犯，当看到这部纪录片后，我改过自新了。'"[3]

在第2章中，我谈过评价干预的方法，我建议实行"不要问，说不准"的策略，不要靠证词来判断一个计划是否有效。人们通常不知道计划对他们有多大帮助，毕竟他们不知道如果不参加这个计划，自己会如何。我们应该严格检验诸如"恐惧威慑"这样的社会项目。唯一能检验效果的方法是随机将孩子们分配到参与计划组和不参与计划的控制组中。一些研究正是这样做的，它们一致得出了惊人的结果："恐惧威慑"计划不仅没有降低青少年犯罪的可能性，事实上，他们的犯罪活动反而增加了。对7项检验实验的综述发现，在每一项研究中，在干预完成后的3～15个月内，参与干预的孩子比控制组的孩子更有可能犯罪。"恐惧威慑"组犯罪率的增幅为1%～30%，平均值为13%。

拉威州立监狱的计划仍在实施，30年中共有5万多个孩子接受了干预。让我们用13%这个数据来算一下，这个计划大约导致6500个本可以不犯罪的孩子犯了罪。因此，"恐惧威慑"计划也可以被授予"放血疗法"奖：它的害处大于益处。[4]

为什么参与"恐惧威慑"计划使孩子们更有可能犯罪？故事编辑的方法提出了一种解答，那就是问一问，这些计划是如何改变孩子对应该远离麻烦的原因的诠释。问题在于，这些计划为孩子提供的外部动机，即避免监狱的恐怖生活，会破坏他们走正道的内部动机。几年前，丹尼尔·拉西特（Daniel Lassiter）和我对大学生做过一个两阶段的实验，该实验展示了这种现象。在第一阶段的实验中，我们给学生提了20道难题，并告诉他们答案在哪里找。由于没有人监督他们答题，所以他们很容易作弊，但没有一个人这样做。这说明他们几乎没有作弊的动机。毕竟，这只是一个不重要的小测验，答对和答错都没多大关系。

在第一阶段有两个条件组，第一组正如我所描述的，那些学生接受测验，并决定不作弊。研究者为第二组提供了强有力的不作弊的理由，即如果他们偷看答案，数据会被破坏，因此他们将得不到做这个实验的学分。记住，一开始没人对作弊有兴趣，两个条件组中的被试都没有作弊，因此威胁是多余的。

大约一周后，被试参加了在另一个地点开展的实验，他们会认为这个实验与一周前的实验没有关系。这次，他们参加了一个非常难的成就测试，其中包含的问题类似研究生入学考试中的题目。研究人员让他们在每道题上花一分钟，然后看下一道题，不要再回头看前面的问题。由于这是一次很难的诊断测试，我们估计被试在这种情况下作弊的可能性会更大。确实有很多人作弊，他们会看前面的问题。

关键在于，第一阶段的实验条件对他们在第二阶段中作弊的可能性是否有影响。据我们推断，接受了强有力但不必要的威胁的被试，会将自己在第一阶段中没有作弊归因于威胁，而不是他们本身很诚实。也就是说，他们也许对自己说："我之所以不偷看答案是因为我有可能被抓到，会因此失去实验学分。"由于将自己的行为归因于威胁，而不是因为缺乏作弊的意愿，因此，他们会认为自己不是非常诚实的人。如果是这样，他们在第二阶段的实验中会更禁不住要去作弊，因为他们已经认为自己不是很诚实的人了。这正是我们发现的：在第一阶段中受到不必要的威胁的被试，在第二次测验中，返回去看前面问题的时间是没有受到威胁的被试的4倍多。[5]

这如何能解释"恐惧威慑"计划产生的事与愿违的反效果呢？参加这一计划的青少年可能一开始没什么兴趣和帮派成员出去鬼混或销售毒品，但由于他们被认为是"高风险的"，因此会被纳入计划，要听那些惯犯冲着他们激动地喊叫，他们得知如果他们成了少年犯，便会在监狱里被强奸、被残害。正如我们看到的，他们一开始可能并不想做那些事情，而威胁也许会产生荒谬的结果。孩子得到了这样的信息："既然那些囚犯用如此极端的方法来劝我不要做，那么也许我对犯罪有兴趣。"就像我们对大学生开展的作弊研究一样，此时强烈的外部威胁会增加他们以后对被禁止行为的兴趣。就这样，"恐惧威慑"计划重新将青少年的叙述变换到了错误的下坡路上，使他们后来更有可能禁不住同伴的诱惑和压力。

如果这种解释是正确的，那么"恐惧威慑"计划对于那些一开始对犯罪活动没有兴趣的孩子来说，就有可能产生意想不到的反效果，因为这些孩子最有可能将自己的叙述从"我对犯罪不太感兴趣"改变成"也许和街角那些家伙一起鬼混会挺酷"。确实，最初在拉威州立监狱实施的"恐惧威慑"计划，对那些一开始没有犯罪记录的孩子特别具有适得其反的效果。

青少年训练营

"恐惧威慑"计划之所以会失败，也许还有另一个原因，那就是它没有传递足够强烈的信息。如果我们让高风险的孩子处于更艰苦的环境中，那会如何？我们把他们送到模仿军队基础训练的"新兵训练营"，让他们在那里学习纪律、学会努力工作和尊重长官。这样做会把某些道理灌输给他们吗？

有人尝试过这种方法，但没有成功，可这并不会妨碍青少年训练营的迅速增加。20 世纪 90 年代，训练营开始流行起来，目前全美有 50 多个这样的项目。多数训练营的成员是初次犯罪的少年犯，他们被送到这里而不是监狱或拘留所。一般来说，少年犯会在那里待 2 ～ 6 个月，在此期间，他们穿军装，遵守严格的作息时间，参加军事化的训练，锻炼身体并完成分配的任务。尽管对其有效性缺乏良好的研究，但目前做过的研究发现，训练营对减少累犯没有作用。我们很容易想出它无效的原因：也许这种方法太具惩罚性；也许这时候干预孩子们为时已晚；也许它太注重纪律，而没有提供咨询或培养孩子们的技能，如职业培训。或者，就像“恐惧威慑”计划一样，它没有充分关注青少年有关自我及他们要避免犯罪的原因的叙述。[6]

贴错了标签

也许我们不应该对孩子们那么严厉，而应该给予他们爱、理解和正面的榜样。这是哈佛医生兼伦理学家理查德·卡伯特（Ricard Clarke Cabot）的看法。1935 年，他启动了一个雄心勃勃的项目，人们曾确信这个项目能防止青少年犯罪。这个项目在马萨诸塞州的一些城市中实施，目标是 500 多个社会地位低下的男孩。研究人员竭尽所能地在这些男孩的生活中增加积极影响。参加该项目的时候，这些男孩的平均年龄是 10 岁半。研究人员给他们每个人都配了一位辅导员。辅导员与男孩及其家庭建立关系，让他们接受各种所需的服务，包括学业辅导、心理治疗、家庭干预和娱乐活动。在为期 5 年的干预中，这些男孩得到了大量关注，生活各方面的问题都得到了解决。辅导员还为男孩的家人提供诸如就业援助、日托安排等帮助。

研究者将男孩们随机分配为接受以上恩惠的组和不接受的控制组，从而可以用实验检验干预的有效性。在经过社会学的一个实验设计检验后，这个项目仍被视为最有雄心的干预之一。不过，它也是最惊人的失败之一。30 年后的追踪研究显示，与控制组相比，接受过干预的人更有可能在年轻时死去，更有可能屡次犯罪，更有可能表现出酗酒的迹象，更有可能患严重的心理疾病。而且，接受干预时间越长的男孩，出现负面后果的可能性越大。[7]

这是怎么回事？一个可能的原因与故事编辑的方法有着非常密切的关系。在第 4 章中，我们看到孩子们很容易受到成年人给他们贴的标签的影响。如果成年人贴的是正面的标签，如“你是负责任的孩子，不会乱扔垃圾”，那么它是有益的。然而，被该项目选中的孩子在研究者、老师和辅导员看来是“潜在的少年犯”。研究人员也许不经意间给予了孩子错误的故事激励，把他们的叙述从“我是个好孩子”变成了“我是个麻烦制造者”。

根据一些专家的看法，该项目存在的另一个问题是，在很多如露营旅行的活动中，它会将高风险的青少年聚集在一起。一些男孩还被送去参加夏令营，在那里他们很容易听到其他青少年的经历。这是一个问题，因为青少年会彼此模仿，强化负面的行为模式。事实上，在参与该项目的孩子中，状况最糟糕的正是那些参加过两次以上夏令营的孩子。

当然这个证据是次要的，但其他研究也证实，让高风险的孩子有机会与同伴一起出去鬼混，会导致负面的后果。例如，在一项计划中，高风险的青少年每周会见一次面，持续 12 周。研究者的目的是灌输亲社会的目标，教孩子们自律，但事实上干预产生了意想不到的负面效果：与被随机分配到控制组，即没有每周会面的青少年相比，每周会面的青少年更有可能参与违法行为，也更有可能抽烟。如果你想让高风险的青少年行为越轨，变得更离经叛道，那最好的方法之一就是安排他们定期待在一起。[8]

这可能是“恐惧威慑”计划害处大于好处的另一个原因，也是我认为应该对托德将一群少年带去殡仪馆的方法感到担忧的原因。这些孩子正处于同伴说的话比老家伙们冲他们叫嚷的话更管用的年龄。还记得第 5 章中我们探讨过的、防止少女妈妈再次怀孕的“每天一美元”项目吗？这些项目不起作用的一个原因可能就是它们把高风险的青少年聚到了一起。

有效的方法

如果给予高风险的孩子很多关注，但不让他们聚在一起，那会如何？我们给他们分配一位成年导师，他与青少年单独会面，不会有其他高风险的孩子。这正是美国大哥哥大姐姐组织（Big Brothers Big Sisters）的做法，它是有效的。这一组织起源于20世纪初的纽约。1902年，一群女性开始担任那些上过儿童法庭的女孩们的导师，并最终发展成了大姐姐组织。1904年，一位名叫欧内斯特·库尔特（Ernest Coulter）的法庭书记员开始给出现在法庭上的男孩子们找志愿者导师，最终它发展成了大哥哥组织。这两个组织迅速发展到了美国的其他城市。1977年，它们合并为美国大哥哥大姐姐组织。如今，在全球12个国家以及美国50个州都有这个组织的分部。

这个项目的目的是培养孩子和导师之间的亲密关系。导师都是经过仔细筛选和培训的，并认真与贫困青少年做了匹配。导师与他们的学员单独见面，一般每周3～5个小时，平均持续两年半。一位经理监督并制订每对指导关系的计划，例如制订与出勤率、学业表现有关的目标。虽然没有硬性要求的活动，但关键是导师要找到双方都感兴趣的事情，能够发展出亲密的关系。从某种方式上说，这个项目体现了理查德·卡伯特的理想，即给予高风险的孩子爱与友谊，同时避免了让孩子们有机会和其他高风险的孩子相处这一有害的部分。

20世纪90年代，大哥哥大姐姐计划接受了彻底的科学检验。在美国8个城市中，10～16岁的孩子被随机分配到不同的条件组，有些立即得到了导师，有些被列入了等待名单。后一组被试在评估结束后得到了导师。他们等待的时间基本上等于这个计划正常的等待时间。18 个月后，有导师的年轻人在学业上的表现更好，与父母的关系更好，使用药品或喝酒的可能性较小，而且与控制组的孩子相比，他们不太可能打人。在与导师建立了一年以上关系的孩子身上，这种有益的效果特别明显。[9]

还有什么是有效的？

科罗拉多大学的防止暴力研究中心（Center for the Study and Prevention of Violence）完成了一项杰出的工作，他们采用严格的标准，对表现出有效性的计划和相关文献做了综述。除了大哥哥大姐姐计划外，防止暴力研究中心还发现了其他一些有效的干预。这些干预针对的是不同年龄的孩子，使用的是不同的方法，但很重要的一点是，它们都避免了把高风险的孩子聚在一起的问题。有些方法值得在这里描述一下，因为其中一些体现了故事编辑的原则。

护士家庭合作计划（Nurse-Family Partnership Program）在孩子出生前就开始实施干预了。怀上第一个孩子的贫困女性会被分配一名护士，护士每个月做 2 ～ 4 次家访，从怀孕开始，一直持续到孩子两岁。护士主要提供孕期保健、孩子发育及妈妈个人发展方面的帮助。例如，除了提供保健方面的建议外，护士们还会提供教养建议，鼓励妈妈为将来做打算，例如教育及就业计划，告诉妈妈们计划生育的方法，以及如何选择生第二个孩子的时机。3 个随机的临床试验评估了该计划，每项试验都显示出了在孕期保健及孩子早期发展方面的积极成效。

持续最久的 3 项研究一直跟踪调查这些孩子到 15 岁。对于贫穷且未婚的女性所生育的孩子来说，该计划成功地防止了青少年犯罪。参与该计划的女性的孩子，与没有参与该计划的女性的孩子相比，到 15 岁时，他们行为越轨的可能性更小，被拘捕、判刑或无权保释的可能性更小，酗酒、滥用药物的可能性也更小。[10]

为什么这个计划如此成功，而其他家访计划却不成功呢？例如在第 4 章中，我们看到为防止父母虐待孩子的美国健康家庭计划。护士家庭合作计划与美国健康家庭计划有很多不同点，但有两个特别突出的相似点，且其中都包含了故事编辑。第一，护士家庭合作计划试着增强妈妈的自我效能感，即相信自己有能力作出令人满意的行为。特别是护士会告诉妈妈，她们有能力为自己的生活以及孩子的生活带来期望的改变，这也许有助于打破消极思维自我实现的循环。在这方面，它类似于第 4 章描述的减少儿童虐待的干预。第二，护士家庭合作计划与荷兰的基于技能的计划存在某些类似，后者也是在第 4 章中探讨过的。那项计划的目的是让妈妈更密切地关注宝宝的需求，培养亲子间安全的依恋关系。它成功的部分原因可能在于，它兼具了其他被证明有效的干预措施的最好的特点。

促进选择性思维策略计划（Promoting Alternative Thinking Strategies）的目标人群是上学前班及小学的孩子。该计划每周上 3 次课，每次半个小时，其主要目的是提高并改善孩子们的自控能力、对情绪的理解力、自尊水平、社会人际关系以及解决人际关系问题的能力。研究者将孩子们随机分配到参与该计划的班级以及不参与该计划的班级。结果发现，参与该计划的孩子表现出更强的自控力，也较少出现行为问题，且具有更好的挫折承受力并能够更好地识别他人的情绪。[11]

正如奥维斯校园霸凌防治计划（Olweus Bullying Prevention Program）的名称所表明的一样，这个计划的目的是防止学校里出现恃强凌弱的现象。它针对的孩子的年龄范围很宽，既有小学的孩子，也有高中的孩子。学校管理者、教师、顾问、学生及家长组成的委员会负责协调该计划，首先通过匿名学生问卷测量校园霸凌的程度，然后召开会议，向学生、老师和家长通报调查结果。老师设定严格的反霸凌指导方针，当在教室或操场看到霸凌现象时，会迅速干预。他们会与恃强凌弱者、受害者以及家长会面，共同想出阻止霸凌行为的计划。至少有 4 个国家已经评估过该项目，都得到了积极的结果。在实施该计划的学校中，学生报告的霸凌行为有所减少。[12]

心理健康服务又如何呢？两种形式的家庭治疗被证明是有效的，它们的目标人群都是有行为问题的青少年。多系统疗法（multisystemic therapy）主要针对有可能被拘捕或入狱的青少年。治疗师每周到青少年的家中与他们及他们的家人见面，通常持续 4 ～ 5 个月。多系统疗法的一个主要任务是，把更好的教养技能教给父母或其他抚养者。另一个任务是减少这些青少年与不良同伴的接触频率，并增加他们与好孩子的交往频率。也就是说，这种疗法针对的主要问题正是我们前面所探讨的其他干预存在的问题，即与高风险的同伴交往会增加越轨行为发生的可能性。例如，最新一项研究将青少年性侵犯者随机分成两组，一组接受多系统疗法，另一组接受青少年缓刑部门提供的治疗。治疗一年后，接受多系统疗法的青少年明显较不可能参与违法行为，特别是与性有关的不良行为。在多系统疗法组中，孩子的父母的教养技能改善得越多，孩子与高风险的同伴在一起的时间就越短，治疗效果也就越好。至少有 14 个实验检验过多系统疗法，其中涉及 1300 多个家庭。研究显示，多系统疗法改善了家庭功能，提高了孩子上学的出勤率，减少了犯罪活动，也减少了酗酒及药物使用。[13]

功能性家庭疗法（functional family therapy）的目标人群是有品性障碍的青少年。它花费的时间更少，根据个案的严重程度不同，时间会在 8 ～ 26 个小时之间，而且可以由接受过多种培训的缓刑犯监督官和心理健康专业人士等在包括家里及青少年法庭的各种场合中展开。功能性家庭疗法包含 3 个阶段：（1）建立信任与激励阶段。在这个阶段中，引导者与青少年及其家人建立起信任关系，明确需要改变的方面。（2）行为改变阶段。在这个阶段中，引导者努力改善青少年父母的教养技巧、家庭沟通技巧以及对冲突的管理技巧。（3）普遍化阶段。在这个阶段中，引导者试着保持积极的改变，这一部分是通过将这个家庭与社区联系在一起实现的。对功能性家庭疗法的实验检验已经得出了令人鼓舞的结果：接受功能性家庭疗法的青少年，屡次犯罪的比例比没有接受该疗法的青少年低 26% ～ 73%。干预还降低了这些接受治疗的青少年的兄弟姐妹被拘捕的比例。[14]

如果青少年已经实施了那些有监禁风险的行为，那该怎么办？多维治疗寄养计划（Multidimensional Treatment Foster Care）是监禁以外的另一个选择。青少年会被送到寄养家庭。这些家庭会接受 20 个小时的培训，学习如何管理这些有行为问题的青少年。进入寄养家庭后，这些孩子及寄养家庭会得到很多帮助。每周有寄养家庭会议，有针对青少年个人的治疗，也有针对青少年的父母或其他抚养者的团体治疗。青少年个案经理会监控孩子在学校的进展，并每天与寄养家庭沟通，他还管理着一个每位青少年都要参与的个人计划。必要时，多维治疗寄养计划还会提供精神疾病的治疗与药品。一般来说，青少年会与寄养家庭一起共处 6 ～ 9 个月。

已有一些实验评估了多维治疗寄养计划，并发现它对男孩和女孩都能产生有益的影响。在大多数研究中，青少年被随机分配到两个条件组中，一组参与多维治疗寄养计划，另一组参与本州惯常的监护程序，其中通常包括集体住宿。与集体住宿组的青少年相比，参与多维治疗寄养计划的青少年，其行为越轨的可能性更小，被拘捕的可能性也更小，而且不太可能使用烈性毒品。最近一项研究证实，多维治疗寄养计划之所以能取得成功，一个重要的原因是，个案经理监控这些青少年与同伴的交往，并尽可能减少这种交往，因此限制了他们与违法同伴相处的时间。[15]

志愿活动

另外还有一些减少暴力行为的方法，它们与故事编辑的联系更直接。在第 5 章中，我们看到感到被团体疏离的青少年最有可能怀孕或让别人怀孕。这样看来，假定感到被疏远、与团体脱离的孩子更有可能走上违法犯罪的道路似乎是合理的。如果真是这样，那么降低青少年怀孕率的故事编辑干预，如让孩子们参与一些志愿者工作，应该也能减少违法行为，包括暴力行为。

确实有证据显示，我们在第 5 章中看到的两个项目，即青少年拓展计划和健康社区青年服务计划，能够起到这样的作用。参与青少年拓展计划的学生，不仅怀孕的可能性更小，而且考试不及格或休学的可能性也明显降低。这说明该计划的益处已经不仅限于防止青少年怀孕了。参与健康社区青年服务计划的初二学生的暴力倾向也有所减弱。在项目结束 6 个月后开展的调查中，与控制组的学生相比，参与计划的学生报告说，他们较少跟人打架，也不会去威胁别人，而且持刀或持枪的可能性更低。不过，在参与计划的初一学生中，没有发现暴力倾向的减少，这也许是因为他们参加的志愿者工作没有初二学生多。[16]

以下是参与健康社区青年服务计划的初二学生，对在养老院做志愿者的经历的描述："这对老人们是有益的，因为他们可以与别人交谈，一些老人很孤独。他们给我们讲了很棒的故事，有一个人给我讲了他在第二次世界大战中的经历。我喜欢去那儿，我知道他们也喜欢我们待在那里。"再来看一看协助监督志愿者工作的老师怎么说："我们带的这个孩子是学校里最暴力的孩子，他总是跟人打架。在那家养老院里，有一位老人因为中风，一只手臂不能动了，她没法自己吃饭。这个男孩坐在她旁边，一勺一勺地喂她吃，就这样喂了3个小时。男孩直视着那位老人的眼睛，你能看出他有多爱她。”[17]

正如我在本书中多次提到的，我们不能仅凭借证词来评估一项计划。不过，我们从实验研究中知道，志愿者工作减少了青少年的暴力行为。我所引用的那些证词提供了解释这一效果的线索，那就是志愿者工作使青少年改变了对自我的看法。那些想着“约翰逊太太在期待我下周去看她，我也很想见到她”的孩子，与感受不到这种联系的孩子相比，他们更不可能打架或休学。

破窗效应

1982年，詹姆斯·威尔逊（James Wilson）和乔治·凯林（George Kelling）在《大西洋月刊》上发表了一篇非常有影响的文章，题目是“打破的窗户：警察与社区安全”（*Broken Windows:The Police and Neighborhood Safety*）。这篇文章的主要前提是，当涉及防止犯罪时，外观发挥了很大的影响作用。缺乏秩序的小迹象，如打破的窗户和涂鸦，向人们暗示这个社区是破败的并纵容违法行为，这导致了更多的严重犯罪行为。警察部门对此予以关注，并对微小的犯罪行为，如在公共场所饮酒、涂鸦和故意的破坏行为采取了“零容忍”的态度，他们认为这样能减少人们犯更严重罪行的倾向。

破窗理论采用了典型的故事编辑方法，因为它试图通过改变相对较小的故事激励，如公共建筑上的涂鸦，来改变人们对环境的诠释，并断定这样做会带来行为的大改变。这种方法是否有效曾引起了广泛的争论。支持者指出，在20世纪90年代，纽约市采取了这种方法，结果犯罪率显著降低。批评者指出，当时全国的犯罪率都下降了，甚至在没有运用破窗效应的城市也是如此。

正如我们看到的，只有设计良好的实验能够解决这个问题。荷兰的研究人员在多项实验中控制了公共场所的违法迹象，并观察这是否会影响人们的犯罪行为。例如，在一项研究中，他们在信封中放入 5 欧元，且可以从外面看到里面有钱，之后他们把这个信封扔在了邮箱外的路上，这样路过的人很容易看到信封里的钱。研究人员藏在附近，观察有多少路过的人偷走了信封。在看不到违法迹象的情况下，只有 13% 的过路者禁不住诱惑，把信封装进了自己的口袋。当研究者增加了违法迹象时，如邮箱上有涂鸦、地上散落着垃圾，这一比例扩大了一倍。

该研究显示，混乱无序的迹象，如涂鸦和垃圾会使人们将环境解读为其他的违规行为，如偷钱也是被允许的。

人们对社会规范很敏感，这些规范的微妙指标会对人们的行为产生显著的影响。如果有迹象显示违法行为是正常的，人们便更有可能违法。

然而，警察清理违法迹象，加强对较轻的犯罪行为的执法会有用吗？证据显示它确实有用。研究人员选定了马萨诸塞州洛厄尔市（Lowell）34 个犯罪高发地区，并随机将其中的一半分配到接受以破窗效应为基础的治安策略组。这些地区的警察清理了空地，改善了照明，为无家可归者找到庇护所，逮捕了在公共场所喝酒、交易毒品的人，并增强了警车巡逻和徒步巡逻的力度。到了第二年，与没有采取破窗治安策略的地区相比，采取这一策略的地区的严重犯罪行为，如抢劫和强奸明显减少了。如果有迹象暗示违法行为，如故意破坏以及在公共场所喝酒是常态，那么确实会引发更多严重的犯罪行为。[18]

方法园地

我对像托德那样的人们充满了敬意，他们看到了社区中的问题，并努力解决这些问题。托德的那个恢复城市内在安宁的项目需要投入大量时间和努力，当然它是符合“常识”标准的。把高风险的孩子带到殡仪馆，用吓唬他们的方法让他们明白一些道理，这怎么会有害呢？然而，我们看到，这种方法至少通过两种方式造成了损害。首先，它让高风险的青少年有更多的机会待在一起。其次，它会让孩子们想道：“也许犯罪对我很有吸引力，要不他们为什么带我去殡仪馆，想让我吓得不敢去违法呢？”

除了吓唬孩子们，像托德这样受到感召的人可以做些什么呢？事实证明，一些现有的项目，例如美国大哥哥大姐姐组织确实有效。通过这个组织或其他类似的组织，让孩子与高效、充满关爱的导师结成对子，比带他们去殡仪馆更有益。让孩子们参与社区的志愿者工作是另一种有效的方法。

对于所有父母来说，这里还有一条更重要的经验，那就是我们应该非常关注自己的孩子和谁一起玩。当然，这也不是什么新闻了。在青春期时，同伴压力是很强大的。然而，我们有时会忘记这种影响力。作为父母，我们不能控制青春期的孩子做的每一件事，而且也不应该试图这样做。这并不是说，我们要替孩子们选择朋友，特别是当他们进入初中及更高年级以后。但是，通过鼓励孩子参与或不要参与某些活动，我们可以影响孩子的朋友圈。这就是志愿者工作能够有所助益的方面，它使孩子们可以接触到与他们志趣相投且有兴趣帮助他人的同伴。正如我们看到的，志愿者工作还能培养孩子把自己看成是社区中有益的一分子的叙述。

最后，人们对其他人做什么和赞成什么是很敏感的。诸如涂鸦、乱扔垃圾这样的事情会向人们暗示，这里允许有犯罪行为。保持社区清洁和秩序能够让人们把这里看成是应该守规矩的地方。

REDIRECT

THE SURPRISING NEW SCIENCE OF PSYCHOLOGICAL CHANGE

07 用积极诠释减少酒精与药物滥用

在宾夕法尼亚州立大学，喝酒就像食堂饭菜和选专业一样，属于大学生活的一部分，为此，这所大学被《普林斯顿评论》（*The Princeton Review*）列为2009年最好的派对学校。周五晚上，学生们从新生宿舍区中鱼贯而出，然后他们搭乘校车，前往各个联谊会派对。很多学生在走出宿舍前就已经喝了不少，他们为晚上的派对提前喝了些烈性酒或混合鸡尾酒。当电台节目《美国生活》（*This American Life*）的记者登上校车采访学生的时候，他们发现一群女生在围着校园绕第二圈，因为校车绕第一圈的时候，她们到站时忘了下车。其中很多人在半身小礼服外面套着廉价、破旧的夹克，这是一种不协调的搭配，直到后来你发现夹克的用途，才会明白其中的原委。夹克经常会浸满啤酒或者更糟的东西。一个学生说："好像有人在上面吐过，你不会再想穿上它。"学生们给这些一次性的外套起了个名字叫作应酬服（frackets）。

喝酒的不只是学生。在宾夕法尼亚州，很多大学都有在橄榄球赛之前举行车尾聚餐会的惯例。在有比赛的日子里，校友们早晨8点就开始聚会喝酒、联谊。在一个特大暴风雪过后的周六，宾夕法尼亚州立大学做了一件以前从未做过的事情，至少在人们的记忆中是这样：它取消了比赛前在橄榄球馆外的所有车尾聚餐会。尽管条件恶劣，但很多球迷没有就此打消念头，他们在家里或走廊里举行车尾聚餐会。一些家庭在停车场的第四层找到了避难所，他们不顾寒冷，在汽车旁边的空间里支起了桌子和烤架。

一对中年夫妇在那里庆祝女儿21岁的生日，坦率地说，就是把她灌醉了。另外一对50多岁的夫妇，他们也在车库里举行车尾聚餐会，并决定去助助兴，给过生日的女孩一些他们的酒。当《美国生活》的记者问这对夫妇，他们为什么要参加聚会时，丈夫答道："我们总要以某种方式娱乐一下，对吧？"

"看着21岁的女孩烂醉如泥，那是娱乐吗？"记者问。

"完全正确，正是如此！"丈夫回答，伴随着妻子愉快的笑声。

在继续探讨之前，我应该指出，有些事情对很多读者来说是显而易见的，那就是宾夕法尼亚州的人们过得很快活。《美国生活》的一段节目清楚地表现出了这一点。学生们一起唱歌、聚会，一起发泄情绪，他们很快将承担成年人生活中的压力和负担。正如我们看到的，和亲密的朋友一起消遣是幸福感最重要的一个组成部分，但人们不必通过喝酒来实现。在宾夕法尼亚州的人看来，喝酒有助于获得幸福感。这正如《美国生活》主持人艾拉·格拉斯（Ira Glass）所说，在宾夕法尼亚州，人们的座右铭似乎是"我们要做的就是一起喝酒"。是的，一些人做过了头，就像一些人把车开得太快，导致了车祸一样。不过，这并不意味着我们应该回到禁酒或马车的时代。[1]

目前，与我对大学的记忆不同，大学生饮酒似乎已经达到了一个新水平。

在我上大学的时候，也有一些饮酒会，也有些人会喝多。偶尔，某人会喝到吐，但没有频繁到有必要穿应酬服的程度。如今，滥用酒精的大学生人数已经达到了令人吃惊的地步。约有 40% 的大学生酗酒，而宾州的数字是 50% 以上，所谓滥用酒精，即血液中酒精含量超过 0.08% 的标准。喝多少酒才能使血液中的酒精含量达到这个标准会依性别、体重和饮酒时间的不同而变化，但就经验来说，男性在两小时内喝掉 5 瓶酒，女性在两小时内喝掉 4 瓶酒便会达到上述标准。酗酒使严重伤害、事故、心血管疾病、肝损伤、神经系统损伤、性病、意外怀孕及性功能障碍变得更加普遍。[2]

在宾夕法尼亚州立大学，有 1/4 的学生说，喝酒影响了他们的学业。对有些人来说，喝酒甚至让他们找不到自己的家了。常有喝醉的学生走进居民家中，醉倒在空床上。事实上，这种现象很普遍，当地警察称之为“酒后进入民宅”。像许多大学校园一样，宾夕法尼亚州立大学也存在因酒精中毒而引起的医疗问题。例如，2007 年头 3 个月，109 名学生因酒精中毒被送进急诊室，他们的平均血液中的酒精含量为 0.245%，是法定醉酒标准的 3 倍。

很多孩子在上大学之前很早就开始喝酒了。75% 的青少年至少喝过一次酒，23% 的青少年在 13 岁之前就开始喝酒了。在最近的一项调查中，有 1/4 的高中生报告他们在过去 3 天中至少有过一次酗酒经历。近 1/3 的高中生说，他们曾与喝过酒的人一起驾车。在美国，青少年的首要致死原因是汽车事故，而死于车祸的青少年中，有 23% 的人的血液中的酒精含量达到或超过了 0.08% 的法定限度。[3]

当然，数字只能说明部分问题，任何人只要在网络上搜索“青少年喝酒事故”，便可以读到酒精对许多年轻人的生活造成了何种可悲的后果。在这里，重复这些事故没有意义，我猜想读者都非常熟悉酒精滥用的危害，很多人都在酒后驾车事故或与酒精有关的悲剧中失去了爱人。

一起发生在我身边的死亡事件是如此的愚蠢且可悲，令我始终不能忘怀。它发生在我目前任教的弗吉尼亚大学，时间是 1997 年。在讲述这个事件之前，有必要指出的是，为了抗击酒精和药物滥用，弗吉尼亚大学多年来为此做过很多努力。1996 年的一篇报道认为，弗吉尼亚大学是美国拥有最好的酒精对策的 12 所大学之一。2003 年，时任弗吉尼亚大学校长的约翰·卡斯汀（John Casteen）也因在防止校园酒精与药物滥用方面作出的杰出贡献而被授予奖项。卡斯汀校长发起了一些防治项目，其中包括学生辅导处的酒精与教育中心（Center for Alcohol and Education）。总之，弗吉尼亚大学在减少酒精与药物滥用方面比很多大学做得更多。

然而，在任何一个由 18 ～ 22 岁青年组成的大型团体中，总会有一些人滥用酒精。这集中体现在弗吉尼亚大学中一个被称为“第 4 年第 5 瓶”（fourth-year fifth）的惯例上。也就是说，一些大学四年级学生想在举行最后一场主场橄榄球赛的日子里喝掉 5 瓶酒。如果一杯酒有 43 毫升，那么这相当于喝掉 17 杯酒。一位体重 84 公斤的男性，如果在 3 小时内喝掉这么多酒，那么他血液中的酒精含量会达到 0.33%，这已经接近导致昏迷甚至死亡的水平了。一位体重 57 公斤的女性，如果在 3 小时内喝掉这么多酒，那么她血液中的酒精含量会达到 0.57%，已经超出了致死的水平。

很多学生都说曾喝到过这个水平，但他们活了下来，这也许是因为他们把喝酒的时间拖长了几个小时。但并不是每个学生都如此。莱斯利是弗吉尼亚大学很有天赋的一名艺术专业的学生，她在佛罗伦萨度过了一个学期，正在写有关雕塑家伊利·纳德尔曼（Elie Nadelman）的荣誉生论文。她每个学期都会上校长荣誉录，她的专业课平均分是近乎完美的 3.97 分。据一些报道称，莱斯利并不是一个酒徒。然而，在 1997 年 11 月 29 日，就在弗吉尼亚大学举行最后一场主场橄榄球赛的周六，莱斯利的确喝得太多了。不知道她是不是在尝试"第 4 年第 5 瓶"的惯例，不过到球赛开始的时候，她已经烂醉了。朋友们让她躺在公寓的沙发上，然后就离开了。当他们晚上回来时，发现莱斯利躺在楼梯最下面，昏迷不醒，她是头着地摔下来的。她血液中的酒精含量为 0.27%。

在同一个下午，弗吉尼亚大学的另一位大学四年级学生赖安去参加了车尾聚餐会，并开始一杯杯地喝波本威士忌。在去看球赛时，他已经醉得很厉害了，还开始在看台上呕吐。两位女性朋友设法把他弄上了车，打算送他回家。其中一位朋友曾接受过救生员急救培训，在最后一刻决定把赖安送到急诊室。这个决定救了赖安的命，因为就在她们把赖安扶上轮椅，推进急诊室时，他停止了呼吸。医生给他装上呼吸器并给他做心肺复苏。第二天，赖安脱离了危险。莱斯利则不同，她没有生存的希望了。

谢天谢地，"第 4 年第 5 瓶"这一惯例的吸引力似乎正在减退。一项调查发现，在 2001 年时，13% 的学生尝试过"第 4 年第 5 瓶"，到 2004 年时，这一数字降到了 10%。1991 年，同伴健康教育者（Peer Health Educators），即受过训练、面向同学开展健康教育的学生们启动了一项替代性的活动，它被称为"第 4 年 5 000 米"，即在最后一场主场橄榄球赛的早晨举行的赛跑活动。2007 年，143 名学生参加了这一赛跑活动。然而，如果 10% 的数字是正确的，那么还是有两倍于这个数字的学生在同一天把自己喝得酩酊大醉，也许还被送进了急诊室。[4]

减弱同伴压力

所有有效的干预都试图通过自信培训、角色扮演练习等来减弱同伴压力。

我不知道弗吉尼亚大学有多少学生有“D.A.R.E.”T恤，它是中学时代留下来的，通常被压在箱子底。D.A.R.E.即抵制药物滥用教育，是迄今为止规模最大的抵制酒精、药物和烟草的学校教育计划。它开始于1983年的洛杉矶，是警察部门与学校系统的联合行动。洛杉矶警局的警官每周都会来到小学，教授1个小时的课程，他们会讲解酒精与药物的危险，以及抵抗同伴压力的方法。这个计划很快得到了普及，并被推广到初中和高中，之后被全国各个校区采纳，包括我的孩子所在的学校。我的两个孩子在完成这个计划后，和许多孩子一样都得到了黑色的“D.A.R.E.”T恤。据D.A.R.E.的网站说，美国75%的校区都采用了这个计划，而且它还被推广到了其他40个国家。近期，美国的总统们似乎也认为它是一个好计划，他们都把4月的一天指定为全国D.A.R.E.日。[5]

但只有一个问题，那就是D.A.R.E.没有效果。一些控制良好的实验表明，这项计划对学生使用烟草、酒精和其他药物没有影响。2003年，美国审计总署的调查也得到了相同的结论。显然，白宫不太注意审计总署的报告。数量惊人的时间、金钱和努力被投入到这个没有得到充分检验的计划中，而事实证明，它是无效的。[6]

一些D.A.R.E.官员选择不相信科学证据。在马萨诸塞州梅德福市（Medford）圣约瑟学校的第五批学生参加D.A.R.E.结业典礼的时候，该州的D.A.R.E.协调员多米尼克·迪纳塔莱（Domenic DiNatale）问孩子们：“当人们说D.A.R.E.没有用时，你们要说什么？”因为对小声的回答不满意，他说道：“大声些！”孩子们异口同声地答道：“它有用！”[7]

大喊大叫并不能让它变得有效。2001年，D.A.R.E.组织决定改进这个计划。在罗伯特·伍德·约翰逊基金会（Robert Wood Johnson Foundation）的资助下，D.A.R.E. 开发了“对你的生活负责”课程，并在美国 6 个城市做了实验检验。83 所学校被随机分为使用新课程的组和不使用新课程的控制组。那真是一个好消息。那些在研究之前并不抽烟或喝酒且参加了 D.A.R.E. 计划的学生，当他们到高二时，竟比控制组的学生更有可能抽烟、喝酒。该计划也属于我所说的“放血疗法”，因为它看起来似乎有效，但实际上害处比益处大。为此，D.A.R.E. 放弃了“对你的生活负责”课程，转而支持了另一种方法，它被称为“保持真实”，目前还未经过检验。[8]

一方面，我很钦佩 D.A.R.E. 组织对证据的密切关注，并尝试新的方法。但另一方面，一项计划若先在全国 75% 的学校中实施，然后才检验其是否有效，这看起来不是很奇怪吗？考虑到存在着很多被证明有效的方法，这就更令人惊异了。尽管大多数有效的计划在设计时并没有考虑故事编辑的方法，但我们将看到这些有效的方法之间存在共同的元素。通过对它们的仔细查看，我们将得出一些 D.A.R.E. 计划之所以会惨遭失败的线索。

生活技能培训

生活技能培训（LifeSkills Training）是 20 世纪 80 年代初发展起来的，开始时它是一个反对吸烟的计划，后来很快将目标扩展到了反对酒精与药物滥用。这是一个基于学校教育所开展的计划，从小学六年级或初中一年级开始，针对的是最有可能尝试喝酒、抽烟、使用药品的孩子。学生们在第一年会参加 15 次课程，每次 45 分钟，第二年参加 10 次课程，第三年参加 5 次。课程包含多个层面，包括自我管理技能、社交技能以及介绍各种药品及其危险的单元。例如，在自我管理技能单元中，学生会参与自我改进项目，选择自己想要改变的方面，然后努力作出改变。在社交技能单元中，学生们设法与他人和睦相处，并接受克服害羞、变得更自信的建议。在与药品信息有关的单元中，学生们会了解药品，还会学习抗拒同伴及媒体影响的方法。另外，学生们会接受两种社会规范的信息：青少年及成人使用药物的实际水平通常比人们认为的低；社会对吸烟、使用药物的赞成程度在降低。正如我们很快将看到的，向人们传达这些规范是故事编辑干预很重要的部分。

生活技能培训曾接受过广泛的评估，并得到了积极的结果。在一项针对纽约州 56 所郊区初中的研究中，一些学校被随机分配到实施生活技能培训的条件组中，其他学校则被分配到控制组，即不实施该培训项目的组中。参与生活技能培训的学生在初中毕业时，其抽烟、喝酒或使用大麻及其他药物的可能性明显更低。在针对纽约市中心主要招收非裔美国学生和西班牙裔学生学校的研究中，研究人员也得出了类似的结论。[9]

生活技能培训至少通过 3 种方式帮助孩子们避免沾染酒精、烟草和其他药物。第一，告诉孩子们单纯“说不”是不够的，重要的是如何“说不”，而生活技能培训通过教授坚定信心技能达到了这个目的。第二，该计划将全面的幸福感传递给了孩子，这使他们对使用药物兴趣不大。第三，正如我们提及的，该计划有助于扭转喝酒、抽烟、使用药物有利于社交的错误观念。也就是说，参加该计划的孩子不太可能认为他们的同伴会觉得喝酒、抽烟、使用药物很酷。

无药物滥用项目

无药物滥用项目（Project Towards No Drug Abuse）是在 20 世纪 90 年代被开发出来的，它的目标人群是高中学生。学生们会在 4 周中参加 12 次课程。像生活技能培训一样，无药物滥用项目也包含多个层面。这 12 次课程的目的是戳穿药物的神话，让孩子们变得更自信，同时改善他们的决策技能，纠正使用药物很流行的印象。至少有 3 个实验性研究评估了该项目，其中，学校被随机分为接受无药物滥用项目的组以及不接受的控制组。这些研究发现，参与无药物滥用项目的青少年，其抽烟和使用大麻的可能性明显降低，而且与控制组的青少年相比，他们喝酒的可能性也略低。

然而，最近在加州的高中开展的针对高风险孩子的类似项目失败了，因此人们的热情必然受到了妨碍。研究人员随机将各个班级分配到 3 个不同的条件组中。一组接受无药物滥用项目；另一组接受新版本的无药物滥用项目，即学生会被分成小组，由大家提名的学生领导管理；还有一组是控制组，即不参与任何项目。在一年后的追踪研究中，接受标准版本的无药物滥用项目的孩子，其抽烟、喝酒或使用其他药物的可能性并不比控制组的孩子小。在这项研究中，无药物滥用项目并不像它在之前的研究中那样有效，具体原因还不清楚，特别是考虑到之前的研究也包括了高风险孩子的学校。

新版本的无药物滥用项目的结果更加有趣。事实证明，这个项目帮助了一些孩子，同时伤害了另一些孩子。这取决于青少年的同伴的药物滥用程度。如果孩子们与不抽烟、不喝酒或不使用药物的同伴一起玩，那么参加新版本的无药物滥用项目是有益的：相较于控制组的青少年，他们作出上述行为的可能性更低。但是，如果孩子们与抽烟、喝酒或使用药物的同伴一起玩，那么参加新版本的无药物滥用项目则产生了反效果：它使青少年更有可能使用这些物质。研究人员将此解释为“同伴加速效应”（peer acceleration），因为由同伴领导的新版本的无药物滥用项目似乎促进了同伴群体的影响力。如果孩子们的同伴是规规矩矩的人，那么他们抽烟、喝酒或使用药物的可能性会更低。如果孩子们的同伴是烟鬼、酒鬼或瘾君子，那么该项目就会让他们更快地加入到同伴行为中。这一发现让人想起了前面章节中有关青少年违法的主要结论：当青少年与其他从事冒险行为的青少年一起玩的时候，他们会模仿那些冒险行为。[10]

中西部预防项目

尽管在学校开展的计划可能很有效力，但显然孩子们只能待在学校里，在比较短的时间内接受这些计划。如果我们把青少年的父母以及整个社区都作为计划的目标，那会如何？这就是中西部预防项目（Midwestern Prevention Project）的目标。它开始于 20 世纪 80 年代，是一项雄心勃勃的干预计划。这个项目既包括像生活技能培训那样在学校内开展的计划，也包括校外的干预。其中包括教授父母沟通技能、教养技能的课程，还包括征求社区领导、政府领导的建议，鼓励他们提供预防药物滥用的服务设施，并协调社区机构之间对这类服务设施的使用。最后，还有关于这个项目的媒体报道，形式包括公共服务公告、新闻发布会、新闻报道以及电视、电台采访等。

在堪萨斯城的学校系统中，研究人员评估了该项目。学校被随机分为接受中西部预防项目的组和不接受的控制组。到高三即将毕业时，参加该项目的青少年较少抽烟、较少使用大麻，在某种程度上，喝酒也较少。在印第安纳波利斯地区，研究人员在项目结束的几年后开展了追踪研究。结果再一次显示，该项目是有效的，特别是对在项目之初就已经开始抽烟、喝酒或使用大麻的六年级及初一学生来说更是如此。像生活技能培训一样，该项目有效的部分原因在于，它改变了青少年认为抽烟、喝酒在同伴中很流行的观念。他们慢慢相信，朋友们对这些行为不太认同，于是他们会较少喝酒、抽烟。[11]

想象的压力

以上看到的 3 个计划之所以成功，无疑是因为它们包含多个层面。药物滥用的原因很多，因此从多个角度去攻克它是很重要的，以上每个项目都是如此。然而，孩子们开始抽烟、喝酒的主要原因是同伴压力。事实上，所有青少年都非常渴望朋友的认可。如果他们认识的最酷的孩子给他们一根烟，问他们敢不敢抽，此时说“不”是非常困难的。很多青少年屈服于朋友的压力，开始抽烟、喝酒、使用药物、性交、开快车，以及其他令父母们不寒而栗的行为。

然而，还有另外一种同样有影响力的同伴压力，那就是存在于我们头脑中的压力。是的，有时同伴会逼迫我们抽烟或喝酒，但很多时候，那个同伴只是我们的想象，我们想象着他想让我们做什么。我们都对社会规范有所认识，也就是说，我们认为我们在乎的人在做什么（“我们说话的时候，泰勒可能出去聚会了”），他们希望我们做什么（“泰勒觉得如果我喝酒，那一定很酷”）。即使没有人逼迫我们，我们也会受想象的影响，作出符合他人期望的事情。

减少抽烟、喝酒的一种方法就是，改变人们对其他人赞成什么的看法，换句话说就是，用故事编辑的方法来改变人们所认识到的社会规范。

高估他人的酒量

刚才看到的大多数项目都试图改变青少年对于同伴在做什么、想什么的印象，纠正他们对喝酒、使用药物普遍性的错误认识。然而，由于这些项目包含很多层面，因此我们无法确定它们的成功在多大程度上可以归因于故事编辑。对大学生普遍采用的一种干预措施叫作社会规范法，其专门关注学生们对同伴在做什么、想什么的看法，并取得了一些成功。如果我们能纠正大学生认为喝酒很普遍的错误观念，也许就能减少他们模仿想象中的同伴的压力。

例如，在最近的一项调查中，130 所大学的 75 000 名学生报告了最近一次聚会或社交时，他们喝了多少酒。在不同大学之间，喝酒的数量差别很大，从平均0杯到平均7杯不等。大多数学校（56%）在3杯到4杯之间。其中特别有趣的是，学生们实际上都高估了同伴们喝酒的数量。当让学生们猜他们学校的学生在最近一次聚会或社交时一般喝多少酒时，71%的学生高估了校友们的饮酒量。只有14%的学生猜对了，15%的学生猜得偏低。

在对全体大学生，以及学生子群，如男生、女生、不同种族的学生、参加学生联谊会或女学生联谊会的学生以及不参加这些联谊会的学生的多次调查中，都发现了高估其他学生饮酒量的趋势。学生们还倾向于高估同伴使用其他消遣性药物的数量。为什么他们会犯这样的错误？因为过量喝酒的人比适量喝酒的人（或根本不喝的人）更突出，我们更有可能注意并记住他们。例如，周六的晚上，当在校园漫步的时候，我们更有可能注意到喝得醉醺醺、大喊大叫的学生，而不是安静地走向宿舍、神志清醒的学生。同样，我们很容易看到公开喝酒的行为，而不容易看到有些人私下里对这种做法的怀疑。看到某人在派对上喝了几杯啤酒，并不意味着那个人乐意这样做或者在下次派对时也一定会喝酒。最后，电影、电视剧和广告常常美化喝酒，传递给人们喝酒很普遍的错误印象。

所有这些原因都会让学生们高估其他人的饮酒量。鉴于同伴压力，这种错误的信念可能会引起严重的后果。例如在上述调查中，研究人员查看了喝酒最多的人是谁。其中一些结果正像我们预期的那样，学生联谊会或女学生联谊会的成员比非成员喝得更多，男生比女生喝得多，酒鬼很多的学校里的学生喝得比较多。不过到目前为止，最重要的预测因素是学生们对同伴喝多少酒的感知，而与学校里学生实际的饮酒量无关。因此，如果想知道大学生喝多少酒，你可以问他们，他们认为同伴们喝多少酒。[12]

换句话说就是，很多人高估了同伴的饮酒量，这使他们为了符合这种想象出来的错误规范而更多地喝酒。这并不意味着，每个人的饮酒量都会与他们认为的同伴的饮酒量一样多，如果是那样，那么他们学校里的规范就应该和学生们想象的一样。例如，如果人们认为在社交时，社会规范是喝 5 杯酒，他们因此而喝了 5 杯，那么平均饮酒量就会是 5 杯，人们对规范的认识就是准确的。与之相反，人们可能通常不喝酒或者只喝一两杯，但由于认为其他学生会喝 5 杯，所以他们把自己的饮酒量提高到 3 杯或 4 杯，以此保证与规范更接近。如果是这样，那么通过纠正学生们对同伴饮酒量的认识，我们就能成功地减少酗酒现象。

这就是社会规范方法背后的道理，它已经成了解决大学酒精滥用问题的一种流行做法。大学管理者试着传播学生们实际饮酒量的信息，希望以此纠正他们的错误观念，从而让他们少喝酒。这种方法得以流行的原因之一是，不用花费很多钱就可以大规模实施。管理者在大学的报纸中设置广告，发放印有这类信息的鼠标垫并在校园各处张贴海报。在弗吉尼亚大学特别有创意的一次活动中，海报被贴在校园里各个厕所小隔间的门内侧。[13]

读者一定不会奇怪，这种社会规范方法在广泛实施前没有经过充分检验。近年来，一些严格的实验检验了其有效性。在一项针对美国 18 所大学所做的研究中，研究者首先让从每所大学中随机选出的学生完成一份调查，调查会显示他们一般喝多少酒。然后，其中一半被随机选择的大学在连续 3 个学期中实施社会规范方法，他们用报纸广告、海报和电子邮件公布校内平均饮酒量的数据。最后，再调查所有 18 所大学的学生一般喝多少酒。结果显示，社会规范方法发挥了作用。开展该活动的学校的学生与没有开展该活动的学校的学生相比，其认为同伴的饮酒量较少，他们自己也较少喝酒。

到目前为止一切都好，不过，同一批研究者在追踪研究中没有得出同样令人鼓舞的结果。研究人员选择了另外 14 所大学，再次将它们随机分组，其中一半开展 3 个学期的社会规范活动，即条件组，另一半不开展这项活动，即控制组。尽管条件组中的 7 所学校开展的社会规范活动像前一次研究中的一样深入透彻，但这些活动没有改变学生对同伴饮酒量的估计，也没有减少他们自己的实际饮酒量。研究者还不清楚失败的原因，但线索之一是，新研究中的大学的饮酒量比前一次研究中的大学的饮酒量更高。也许一开始喝酒的人越多，纠正他们错误观念的难度就越大。另一个可能的原因是，一些大学没有在最大程度上广泛地宣传它们的社会规范活动。[14]

也许对社会规范方法最好的总结是，它们的前景是光明的，但仍需要进一步的改善和检验。例如，通过媒体和海报发布信息存在一个问题，这些信息很容易被学生们忽略。即使他们确实注意了这些信息，可能也不会将其与自己联系起来。一种替代的方法是带有个人化反馈的信息呈现，而不是指望学生们自己注意到报纸上的广告或建筑物上的海报。学生们在电脑上匿名回答有关他们喝多少酒以及认为别人喝多少酒的问题，然后得到反馈，了解自己的估计离实际情况有多远。一些学校已经尝试了这种方法，并取得了成功。[15]

社会规范方法的另一个问题是，概括化的信息不一定适合所有学生。还记得那个针对 75 000 名大学生所做的调查吗？尽管大多数学生高估了校园中的饮酒情况，但仍有 15% 的学生低估了饮酒量。如果在校园里开展社会规范活动，这些学生会发现，原来其他学生实际饮酒量比他们认为的多，这可能不会引发我们想要的结果。“哇哦，”这些学生也许想，“如果我想变得受欢迎，或许应该开始喝得多一些。”

为了说明这个观点，我需要先偏离主题片刻，谈一谈让人们节约能源的方法。加州的研究者用社会规范的方法试着让人们减少使用电力。为了得到每家用电量的基线数据，他们在两周内记录了 290 户人家的电表两次，然后在每户的门把手上留下一张传单，传单上会显示这家的用电量以及邻居们的平均用电量。想一想那会如何？你回到家，看到门把手上的传单，看到自己用的电比邻居们多。“哇哦，”你会想，“我猜我比自己认为的更费能源。”这也许会让你觉得有点尴尬，于是当你离开房间时，你不再让灯一直亮着，也许还会较少使用空调。这正是研究人员发现的：发现自己的用电量高于平均水平的人，会在未来几周内减少电力使用。

然而，发现自己的用电量低于平均水平的人会如何呢？这会产生相反的效果，导致用电量的增加。这些人似乎会说：“琼斯家和史密斯家比我家更凉快，我为什么要那么节省空调用电？”于是我们看到了社会规范方法的危险：它们会对那些发现自己比平均水平做得更好的人产生反效果，对规范的感知具有很强的影响力。如果我们认为自己比其他人更省电，就会变得不那么节省。如果我们发现自己喝酒比别人少，便会在下次参加派对的时候多喝几杯啤酒。[16]

抽烟并不会更受欢迎

也许我们可以通过检视人们对同伴想让他们做什么，以及同伴实际在做什么的认识来解决这个问题。事实上，社会心理学家已经区分出了两种社会规范。到目前为止，我们已经探讨了描述性规范（descriptive norms），它是人们对他人在特定情况下会如何行事的认识，例如别人喝多少酒、邻居们用多少电。我们看到的有关酒精的研究是通过纠正学生对同伴饮酒量的看法，来表达描述性规范。

指令性规范（injunctive norms）是人们对在特定情况下其他人赞成什么或

反对什么的认识，例如我们认为喝多少酒或用多少电是他人可以接受或赞同的。描述性规范和指令性规范通常是相同的，例如没人会在做礼拜时打开一瓶啤酒痛饮。如果他们那样做了，一定会遭到白眼和指责，即有反对这种行为的指令性规范。但是这并不意味着，人们反对所有的不寻常行为。例如，多数人在早餐时不吃沙拉，但如果有人吃了，人们也不会很在意。当然这也不意味着，普遍的行为就是人们认可的行为。例如，在我住的镇子里，越来越多的司机闯红灯，但大多数人不会赞同这种行为。因此，描述性规范和指令性规范并不总是相同的。在试图改变人们的行为时，同时传递有关两种规范的信息也许会有帮助。

也许我们可以通过传播两种信息，即有关人们做什么的信息和人们赞成什么的信息，来支持社会规范活动。这会是改变人们行为更有力的方法吗？有关用电量的研究表明确实如此。研究人员又增加了一组住户，在留给他们的传单上，研究人员增加了一点内容：如果住户的用电量低于平均水平，他们会在传单上画一个小笑脸（☺），如果住户的用电量高于平均水平，他们便会画一个哭丧的小脸（☹）。

通过这种简单的方法，研究者传递了指令性规范，这对用电量低于平均水平的人非常重要。除了发现与邻居们相比，自己家更节能之外，他们还觉得好像被赞许了一下，这就是笑脸传递的信息。“干得好！我们很满意！”这足以让他们继续在未来几周中依然保持较少的用电量。如果只得到了反馈而没有笑脸，人们会将其看成是让他们挥霍电力的许可证。哭丧的表情对用电量高于平均值的住户没有任何影响，因为发现自己很费电就足以让他们作出改进了。

在大学校园中开展的社会规范方法活动中，传递相关的指令性规范信息是否会有效？我想很多学生不会被笑脸或哭丧脸的表情所影响，但找到更有效的方式来传递多数学生不赞成酗酒的信息应该不是很难。事实上，一些社会规范项目已经开始纳入有关指令性规范的信息，并且评估了这种方法的有效性。有证据显示，这种方法是有效的。

例如，一项研究将喝酒与不受欢迎的群体联系起来，以此传递只有落伍的人才会酗酒的指令性规范信息。斯坦福大学的研究人员发现，很多大学一年级新生不想和整天泡在图书馆里、令人讨厌的年长研究生有联系。在学年开始时，研究人员会在一些大学一年级新生宿舍的门上张贴宣传单，传单上面印有一个拿着酒瓶的研究生，并写道："斯坦福的很多研究生喝酒，而且行为草率，因此当你喝酒的时候请想一想……没人愿意被错当成这种人。"在另一些新生宿舍的门上，研究人员张贴的宣传单描绘的是喝酒对健康的负面影响，但没有提到研究生。两周后，研究人员调查了两间宿舍的学生，让他们报告自己上一周喝了多少酒，并让他们表明自己是否愿意别人把他们看成是研究生。

事实证明，"令人讨厌的研究生"的宣传单对不想和研究生发生联系的新生产生了惊人的影响。看到这种宣传单的学生在前一周中只喝了 2 杯酒，而看到健康知识宣传单的学生，在前一周中喝了 6 杯酒。宣传单对敬佩研究生的新生没有任何影响，有趣的是，他们一开始就喝得不多。年轻人对同伴们赞许什么具有非常敏锐的观察力，将喝酒与令人讨厌的群体联系起来会产生强有力的抑制作用。[17]

前述两个针对高中生的计划之所以有效，部分是因为它们改变了指令性规范。参加生活技能培训的青少年不太可能相信他们的同伴认为抽烟、喝酒、使用毒品很酷。中西部预防项目发挥作用的方式之一是，改变青少年那种认为喝酒、抽烟会影响同伴受欢迎程度的认识。青少年逐渐意识到，这样的同伴其实是不太受欢迎的，因此他们抽烟、喝酒的可能性就减小了。[18]

这些发现为解释 D.A.R.E. 计划不成功的原因提供了线索。D.A.R.E. 计划的一个显著的特点是，它由当地社区的警官来管理，而生活技能培训和中西部预防项目是由老师来管理的。一方面，让警官走进教室，担负教导的职责，也许是改善警察与社区成员之间关系、打破孩子们对警察的刻板印象的好方法。但另一方面，如果目的是改变孩子们对同伴赞成什么、反对什么的看法，那么警官可能不是达到这一目的的最佳选择。你可以设想一个已经有疏离感的孩子，他相信抽烟或喝酒能够让他像班里的酷小子一样受欢迎。警官很难让他们改变想法，因为对那些感到疏离的高风险孩子来说，警察代表了他们要反抗的权威。而老师再配以有效的课程，也许会更容易动摇这些孩子的信念。

我的意思并不是说，在学校里，警官永远都是无效的。但事实证明，D.A.R.E. 计划在减少抽烟、喝酒和使用药物方面几乎没有成效，而生活技能培训、中西部预防项目却是有效的。这些项目之所以能够取得成功，部分是因为他们让孩子们相信，抽烟、喝酒、使用药物不会像他们以为的那样，使他们大受欢迎。

志愿活动

除了改变青少年对同伴在做什么、想什么的诠释之外，故事编辑的方法还有什么作用？在第 5 章和第 6 章中，我们看到缺乏归属感、有疏离感的青少年怀孕及作出暴力行为的可能性特别大。我们也看到，改变他们对自我的看法，让他们觉得与社区的联系更紧密的一个有效的方法是，让他们做社区服务。这种方法也能减少药物滥用吗？没有人会认为，让青少年在养老院做志愿者是解决喝酒、抽烟、药物滥用问题的唯一方法，但它的确会有所帮助。

例如，一项研究发现，贫民区学校的青少年认为自己的生活没有什么希望，他们几乎没有可以信赖的朋友，也几乎没有机会上大学或找到好工作，所以他们特别有可能沾染酗酒的恶习。随着时间的流逝，他们酗酒越多，就越会觉得前途暗淡。这些孩子陷入了自我挫败的思维模式，我们在书中已经多次探讨过这种思维模式。[19]

我不知道有哪个研究检验过参与社区服务能够减少药物滥用的假设。不过，一个针对 119 所大学的 27 000 名学生的研究暗示了这种方法的光明前景。根据自我报告，参加志愿者工作越多的学生，酗酒的可能性越低。尽管这只是一个相关性的发现，但它至少提高了让学生们做志愿者将减少酗酒问题的可能性。

在这项研究中还有一个有趣的发现。不管学生们自己做多少志愿者工作，大学里其他学生做的志愿者工作的数量也能预测较低的酗酒水平。如果学生进入一所具有做志愿者工作传统的大学，那么与进入其他大学相比，他们酗酒的可能性更低。这样我们可以通过了解某个学生所在的大学中其他学生做志愿者工作的数量，而在某种程度上预测某个大学生是否酗酒，而不必考虑这个学生自己做了多少志愿者工作。每所大学都有各自独特的文化传统，如果它们的文化是做志愿者工作，那么这似乎会降低酗酒的重要性。假定之前我将讨论的重点放在弗吉尼亚大学的酗酒问题上，那么我应该提及：（1）大多数弗吉尼亚大学的学生不酗酒；（2）弗吉尼亚大学的很多学生参与志愿者工作。事实上，2009 年，弗吉尼亚大学因为重视社区服务且有很高比例的学生参与服务活动，而获得了国家与社区服务组织（Corporation for National and Community Service）颁发的奖。

单个学生喝多少酒会受到所在大学的文化的影响。这一事实还表明，人们对同伴怎么想、怎么做很敏感。想象一名学生发现自己的很多朋友和熟人打

算利用春假在新奥尔良做服务项目，而不是去佛罗里达的海滩上开派对。这名学生因此学习到了这所大学的重要规范，这些规范在塑造他的行为方面具有非常重要的作用。

方法园地

我希望读过本章的父母能够在一些方面具有前瞻性。如果你的孩子进入了那些实施 D.A.R.E. 计划的学校，那么你可以与学校管理者联系，并礼貌地问："你们本可以轻松地采用一个有效的计划，但为什么采用了这个不起作用的计划呢？"你还可以引导他们浏览诸如生活技能培训项目的网站[①]。

从本章以及之前的两章中得到的另一个明确的启示是，父母和老师应该竭尽所能地防止孩子感到被疏离和被孤立。这不是什么新闻，虽然实现这一目的的方法，如让孩子参与社区服务是新颖的。正如我们看到的，另一种解决方法是纠正对两类社会规范的错误认识，即孩子们认为同伴在做什么以及他们认为同伴赞成什么的认识。如果家长和老师能纠正孩子们那种认为抽烟、喝酒、使用药物很流行的看法，那么这些活动的吸引力就会减弱。

实现这一目的的最佳方法是什么？没有人说这很容易，但我们可以做些事情。孩子们了解某种行为很酷的一种方式是通过观看电视和电影，不过，很多电视和电影美化了抽烟、喝酒。70% 的美国电影都会有某人在抽烟的镜头，而且通常描绘的是性感、富有、迷人的明星点燃香烟，似乎很享受抽烟的样子，我们没有看到他们熏黄的牙齿，也没有听到他们的干咳。研究显示，孩子看有抽烟内容的电影越多，尝试抽烟的可能性越大。一项研究让初三学生观看电影《四个毕业生》（*Reality Bites*），并随机将他们分配为观看有吸烟镜头的

① 网站地址为：http://www.lifeskillstraining.com/。

原片，或观看将吸烟镜头剪辑掉的版本。在未剪辑的电影中，薇诺娜·赖德（Winona Ryder）和伊桑·霍克（Ethan Hawke）饰演的主要角色，在多种场合中抽烟。在剪辑过的版本中，研究人员去掉了这些镜头，但保留了故事情节。观看未剪辑版本，即有吸烟镜头版本的孩子会认为抽烟的人很酷，相比于观看剪辑版的孩子，他们表达了更多抽烟的意愿。

那么，父母能做什么呢？我们可以监督孩子们看的电影，抵制美化抽烟、喝酒的电影；我们也可以对电影行业施加影响，终结这种美化行为。如果孩子们看了美化抽烟的电影，我们可以事先告诉他们抽烟的危险，给他们展示反抽烟的广告。例如，上面提及的实验还包括一个实验条件，那就是先让初三孩子看反抽烟的广告，然后再看带有抽烟镜头的电影《四个毕业生》。反抽烟广告的作用就像预防针：这个条件组的孩子没有美化抽烟，他们表达的抽烟意愿并不比观看去掉抽烟镜头电影的孩子更多。[20]

当然，孩子们不只是从电影中学习社会规范，他们还受到同伴的巨大影响。我们可能恨不得把孩子锁在屋里，直到他们长到 20 多岁，但这不是解决问题的办法。成长的一部分就是找到我们珍视的亲密朋友，交换有关音乐、图书和电影的信息，开辟出独立于父母的个人小空间。你是愿意自己 14 岁的儿子有一群会影响他的品位与偏好的铁哥们，还是愿意他整个周末的晚上都躲在自己的房间里？我们当然希望孩子有朋友，但随之而来就是同伴的影响。我们不希望孩子交到坏朋友，即那种感到自己没有希望或前途暗淡，还会诱惑其他孩子抽烟、喝酒、使用药物的朋友。尽管我们对此无法完全控制，但可以监督孩子和谁一起出去玩，最重要的是，你可以和孩子们交谈。你可以问他们，朋友中有多少人抽烟、喝酒，当然你不一定总能得到诚实的回答。有些孩子可能对此感到不舒服，或者不敢坦率地说出来。总之，父母可以实施自己的小型社会规范活动，以此来纠正孩子认为同龄人觉得抽烟、喝酒很酷的错误观念。

REDIRECT

THE SURPRISING NEW SCIENCE OF PSYCHOLOGICAL CHANGE

用积极诠释减少偏见

08

在当今世界存在的很多问题中，最有害的问题之一是，人们无法与跟自己不同的人和睦相处。在中东，逊尼派穆斯林、什叶派穆斯林以及库尔德人无法和谐共处；爱尔兰天主教徒与爱尔兰新教徒互不来往。另外，自从第一批欧洲移民抵达美洲海岸，把印第安人看成是怪人或低等人，并意欲根除时起，肤色问题就一直困扰着美国。紧接着是非洲人的奴隶化问题。美国奴隶制度的开端可以追溯到 1619 年 8 月，当时弗吉尼亚詹姆斯敦（Jamestown）的英国移民从荷兰商人那里购买了 20 个非洲人，以此交换食品与供给品。虽然直到 1662 年奴隶制才在弗吉尼亚得到正式的认可，但是邪恶堕落的奴隶制就此在新大陆上扎下了根。[1]

就在 60 年前，美国很多州都拒绝给予非洲裔美国人基本的自由，如限制他们的结婚对象、居住地点，以及送孩子去什么学校。如今，这种法律已是明日黄花，它反映了美国在态度方面的巨大改变。例如在 1958 年，只有 37% 的

美国白人愿意投票支持完全具备条件的黑人总统候选人，而在 1997 年，这一比例增长到了 93%。当然，到了 2008 年，当奥巴马当选为美国总统时，这种态度变成了事实。

不过，肤色问题仍然存在。思考一下 2006 年 8 月在路易斯安那州的耶拿镇（Jena）发生的事情。小镇只有一棵可以带来阴凉的大树，学生们在夏日里休息的时候都想在树下躲避日晒。按照传统，只有白人能够享用它。这种传统一直延续着，直到一名非洲裔美国学生肯尼斯·普维斯（Kenneth Purvis）在太阳下站累了，于是他问校长自己是否能在树下休息。校长告诉普维斯，他可以坐在任何他想坐的地方，但不是所有人都对普维斯的要求作出了友善的反应。第二天早晨，学生们来到学校，迎接他们的是 3 个从橡树上垂下来的绞索，这不禁让人恐怖地想起，在并不遥远的过去，无数非洲裔美国人被以私刑处死。因为这起事件，引发了很多争端，其中包括打架。6 名非洲裔美国学生因为暴打一名白人学生而被逮捕。小镇的领导决定，最好的解决方法就是把树砍掉。

这种惹人注目的种族主义不只发生在美国的南方腹地。2009 年夏天，在费城郊区的游泳俱乐部里，也发生了类似的事件。一个日间夏令营想在周一使用俱乐部的游泳池。然而，当 65 名黑人孩子和西班牙裔孩子走下公共汽车，手里拿着毛巾，走进俱乐部的时候，大多数白人孩子离开了游泳池。日间夏令营的负责人阿勒西娅·赖特（Alethea Wright）说，白人孩子的父母“交叉着双臂站在那里”。“我听到了这样的话：‘他们不应该来这儿。’”9 岁的小营员凯文听到一位白人妈妈抱怨这些营员的到来。“她说了很多种族歧视的话，”凯文说道，“那位说坏话的女士已经是成年人了，而我们还只是小孩。”几天后，游泳池的管理者把钱退给了日间夏令营，并告诉他们不要再来了。他说：“很多人担心孩子的肤色会改变……以及游泳池的空气。”在詹姆斯敦的移民购买了第一批奴隶的三百多年后，美国人依然在种族问题上存在着分歧。[2]

你可能以为这些只是个别的歧视性事例，那么请想一想美国住屋与城市发展部从20世纪70年代就开始的有关偏见的研究。受过训练的测试者会拜访房地产机构，他们出示的证明几乎完全相同：类似的收入和负债水平、教育背景、就业情况以及家庭情况。唯一不同的是种族，其中一些是白人，一些是黑人，还有一些是西班牙裔美国人。即使在2000年最近一次的测试中，仍有很大比例的黑人和西班牙裔美国人受到了比白人更消极的对待。例如在出租房屋时，白人成交的次数比黑人高22%，比西班牙裔美国人高26%。[3]

因此，找到方法来弥合种族之间的分隔是非常必要的。商业领袖、教育者及心理学家为此开发了各种各样的干预措施和工作坊，如我们在第2章中提到的工作剧院项目。它们有效吗？我们对答案已经很熟悉了：许多著名的干预项目既没有得到充分的建议，也没有表现出成效。然而，社会心理学家开发的、利用故事编辑方法的技术，却表现出非常好的前景。

让我们先来想一想几年前在一所小型文理学校实施的著名干预。一位有着迷人蓝眼睛的漂亮女生，我们就姑且叫她劳拉吧，她欢快地来到教学楼里，准备参加有关群际关系的团体练习。在开始之前，团体负责人，即一名中年女性发现劳拉没带笔记本和铅笔，为此她对劳拉说了一些贬损的言语。以下就是接下来发生的情况。

负责人：你的样子好像生气了。

劳拉：我是生气了。

负责人：你为什么生气？

劳拉：因为你对我大喊大叫。

负责人：（转向其他同学）你们听到我大喊大叫了吗？（又转回劳拉，放大嗓门）这才是大喊大叫，刚才我这样做了吗？

劳拉：好吧，你刚才说话的声音太严厉。

负责人：你是在定义我吗？

劳拉：不，我没有在定义你。

负责人：（转向其他同学）她在定义我吗？在我没有大喊大叫的时候，她是不是说过我在叫嚷？感受代表一切。（转向劳拉）你觉得我在对你大喊大叫吗？

劳拉：是的。

负责人：为什么？

劳拉：因为你说话的声音很严厉。

负责人：严厉的声音……亲爱的，你的愚蠢不是我的错。

劳拉：你想让我去取纸和笔吗？

负责人：无论如何，我都不会喜欢你。

劳拉：好吧，那也没关系。

负责人：让我们在这里把它说清楚。

劳拉：好的。

负责人：这不是我喜不喜欢你的问题。

之后团体负责人让劳拉重复越来越长的一串短语，直到她结结巴巴，重复不出来为止。负责人再次斥责劳拉不带铅笔和纸。

负责人：你学到什么了吗？

劳拉：（几乎听不到）是的。

负责人：你感激刚才学到的东西吗？

劳拉：（几乎听不到）是的。

负责人：你喜欢这种教导方式吗？

劳拉：（嘴唇颤抖）不。

负责人：不——其他人曾接受过这种教导方式吗？

零星的声音：是的。

负责人：是的。你们对此表达感激了吗？是的……（劳拉此时哭了起来）你们从她的事例中学到什么了吗？（转向劳拉）你哭什么？……你为什么哭？

劳拉：我的感情受到了伤害。

负责人：你的感情怎么受到了伤害？

劳拉：（听不见她在说什么）

负责人：我应该对她感到抱歉吗？

劳拉：（大哭着）我并不期望你会那样做。

负责人：（转向其他学生）我应该对她感到抱歉吗？你们中一些人在想，我对这位年轻的女士太严厉了。

尽管这看起来似乎像是负责人在恶语伤人，但事实上它是提高歧视意识和种族主义意识的一个练习。团队负责人，即那位名叫简·艾略特（Jane Elliott）的女士，在举办一个工作坊，让人们亲身体验到歧视受害者的感受。学生们早上 8 点来到教学楼，根据他们眼睛的颜色，被分成两个组。蓝眼睛的学生（就像劳拉）被要求在脖子上戴上绿色的毡圈，在一个空房间里等待，房间里的椅子不够一人一把。棕色眼睛的人在另一个房间里等，那里有各种点心和充足的座位。艾略特告诉棕色眼睛的学生，在接下来的两个小时里，他们是享有特权的群体，相对于蓝色眼睛的人，他们拥有更高的地位。她告诉蓝色眼睛的人，别人会把他们当作没有权利的低等人和愚蠢的人来对待。

然后蓝眼睛的人被领进房间，按照要求坐在房间中央，周围是棕色眼睛的学生。一些人不得不坐在地上，因为椅子不够。艾略特宣布："今天我就是一个泼妇，不要搞错这一点，这正是练习的内容。"之后，练习开始了。在接下来的两个小时里，她贬低、羞辱劳拉以及其他蓝色眼睛的学生。

很多年前，艾略特开发了这个练习，当时她正在艾奥瓦州一个乡村小镇的小学里教课。在马丁·路德·金遇刺之后，她决定让自己的所有白人学生了解什么是歧视，于是想到了按眼睛颜色来分组，指定一组比另一组低等的主意。1970 年，美国广播公司新闻网 (ABC News) 将艾略特的方法制作成了一个纪录片，名叫《风暴之眼》(*The Eye of the Storm*)。艾略特最终辞去了教职，成为一名全职的多元化培训师。以上描述的针对大学生的练习，来自 2001 年的纪录片《愤怒的眼睛》(*The Angry Eye*)。[4]

艾略特是一位将一生都奉献给减少歧视与种族主义的坚决的女性。"我试着让参与这项练习的人有机会感受非白人在这个社会中的处境。"她在 2001 年的纪录片中说道。艾略特确信这种方法是有效的。"我认为这个练习确实让参与者提高了意识，确实……让他们更有同情心。我知道它有用。我认为它改变了他们思考自我及周围环境的方式，也改变了他们感知他人的方式。我认为它还改变了他们感知自己权力的方式。"不过，她是对的吗？[5]

多元化培训与多元文化教育

多元化培训是为了回应各种压力而发展起来的，其中包括女性和少数族裔涌入职场、商业的国际化、大学校园的整合以及职场中的平权行动。几十个营利的和非营利的组织为公司、学校及其他组织开发了培训计划，其中既有书面材料，也有影碟、滑稽短剧（就像工作剧院表演的那种）以及角色扮演，这个产业的总价值达到每年 100 亿美元。大约 65% 的美国组织、60% 的英国组织正在提供多元化培训。一些培训的重点在于提高多元文化企业的效率，另一些培训针对的是职场中的歧视行为，还有一些是为了增加女性与少数族裔的就业与升职机会。然而，所有这些计划，都直接或间接地涉及减少歧视与偏见。有点令人奇怪的是，几乎没有哪个计划接受过充分的检验。[6]

几年前，我任教的大学的管理者决定，所有新入学的学生都应该接受某种形式的多元化培训。他们想到的一个主意是，让学生完成网络上的练习，以增加他们对其他群体成员的敏感性，让他们了解即将进入的大学的多元化特点。应该由谁来开发这些练习呢？学校管理者找来已经接受过多元化培训的企业征求意见，并邀请几家最终入围的培训机构展示各自能够提供的练习。我参加了几次展示，感到很泄气。尽管这些机构的工作人员怀着良好的初衷，但他们似乎对有关多元化及偏见的文献知之甚少。他们的计划更多的是基于常识，而不是有充分依据的研究。

更糟糕的是，他们以及大学管理者都不打算检验网络练习的有效性，而只是问了参加者几个有关他们对这个练习有什么感觉的问题。正如我在第 2 章中提到的，这类问题不能替代实验设计。然而，大学管理者没有问多元化培训公司："我们如何能知道你们的干预是否有效？"

他们可以辩解说，没有一位管理者是社会科学家，他们当然不知道检验一项干预的方法了。当心理学系的一些老师向管理者解释了用实验方法检验干预的重要性时，他们接受了这个建议。由于其他方面的压力，多元化练习始终没有实施，不过那与我们的主题无关了。

我想说的是，我们不知道大多数多元化培训是否具有设想中的好效果，或者说它们只是浪费了大量的时间，甚至更糟的是，它们会带来危害。这种状态不仅限于企业、大学这些组织层面的多元化培训计划。1997 年，克林顿总统成立了总统种族提案委员会（President's Initiative on Race），该委员会详细审查了已经开发并得到推广的很多种族和解计划。1999 年，该委员会发表了一份报告，确定了 124 项最有前途的计划，其中包括基于宗教的计划、政府干预计划、辅导员计划以及教育干预计划。然而，这些计划中只有 30% 接受过内部的有效性评估，只有不足 10% 的项目接受过外部严格的评估。这份报告提出，仅有两项计划对接受干预和未接受干预的人群作了比较。[7]

正如我在第 2 章中探讨过的，用实验方法检验这类干预很难，但不是不可能。让我们回头看看如何用实验方法来检验简·艾略特的练习。我知道有 3 个已经发表的研究检验了这种练习的有效性。深入了解这些研究的细节很有价值，因为它们说明了对干预做扎实的实验检验所面临的挑战。

20 世纪 70 年代，在北科罗拉多州的小学中实施了第一项研究。一个三年级的班在两天中接受了艾略特版本的练习，歧视的基础不是眼睛的颜色，而是将学生们分成了“橙色人”和“绿色人”，通过不同的袖章颜色来分组。在练习结束那天以及两周后，学生们会完成一份测量种族偏见的问卷，表明他们是否愿意和一个黑人学校的孩子一起去野餐。另一个三年级班作为控制组，会完成同样的问卷，但不参加练习。正如预测的那样，相对于没有参加练习的学生，参加的学生在问卷上表现出的偏见更少，更愿意参加野餐。无论是在练习刚刚结束还是两周后做测试，结果都是如此。这些结果预示着光明的前景，但细心的读者会注意到，研究人员没有对学生做随机分组。在这种检验团体练习的研究中，随机将个体分配到不同的实验条件中可能是困难的，比较接受干预与未接受干预的班级也是常见的做法。然而，更好的研究会包含几个班级，然后将班级随机分配到不同的条件组中。另外，在这类研究中，在干预前评估学生的偏见很重要，由此可以确定在一开始某个班的学生是不是更有偏见。例如，在北科罗拉多州的研究中，我们不知道接受实验条件处理的学生是在练习前就比控制组的学生更没有偏见，还是练习减少了他们的偏见。[8]

20 世纪 80 年代，针对参与一门教育课程的大学生做了第二项研究。学习这门课程的一部分学生参加了基于艾略特技术的 3 个小时的练习。其中蓝色眼睛的学生被指定为比棕色眼睛的学生低等。在练习前 3 周以及练习后 4 周，研究人员给所有学生发了两份问卷，以评估他们的种族偏见程度。一份问卷测量的是人们对非裔美国人担任不同的社会角色，如内科医生、舞伴是否感到舒服；另一份问卷测量的是人们在假设的歧视情况下，如无意中听到商店经理拒绝雇用非裔美国人时他们是否会大胆地说出来。另外，一年后，研究人员给参与者发邮件，请他们为大学的"马丁·路德·金奖学金"基金会捐款。实验结果是混杂的。在愿意大胆说出反对歧视的测量中，参加干预的学生明显比未参加的学生分数高，也就是说，他们认为自己更有可能大胆说出来。不过，在另一份问卷上，即调查学生们对非裔美国人担任不同社会角色的舒服程度，两组学生没有表现出差异，在给基金会捐款的人数方面，两组学生也没有差异。[9]

这个研究的设计比北卡罗来纳州的研究设计更好，因为研究人员在干预之前和干预之后都测量了偏见。不过，由于被试没有被随机分组，因此我们对结果的解释必须保持小心。同时该研究的被试都是耶稣基督后期圣徒教会的女性，因此我们不清楚研究的发现能在多大程度上推广到其他人群。

从科学角度看，第三个研究是最严谨的。2000 年，简·艾略特本人检验了工作坊的效果。被试是从文理学院的白人学生中随机选取的，这些学生不熟悉艾略特的工作，并愿意被随机分配到参加群际关系练习的组，或者听有关群际关系介绍的组（控制组）。研究人员告诉所有学生，这个练习有可能引起压力和身体的不适。那些被随机选出来的学生，会参加本章开篇中描述的、由艾略特主持的 4 个半小时的练习。另外，大约一半的被试在练习结束后的几周内，可以选择参加一门或多门由学校顾问主持的后续课程。最后，在练习结束 4 周后，被试会参加由艾略特主持的追踪讨论。被随机分配到控制组的被试填写问卷，并参加与群际关系有关的讲座与讨论。为了评价练习的效果，研究者要求被试在参加完练习的 4 ～ 6 周后，完成 3 份经过充分验证的问卷，以测量他们的偏见。

结果再一次是混杂的。从消极的方面说，干预组与控制组在现代种族歧视量表（Modern Racism Scale）上没有表现出差异。这个量表测量的是白人对黑人的态度，或者学生是否愿意与非裔美国人建立正式的社会关系。在这方面，两个组表达的愿意程度都很高。从积极的方面说，参加练习的学生对自己带有偏见的想法会感到更愤怒，并且更愿意与亚裔、拉丁裔美国人建立社会关系。不过，对于这些积极的结果，有一点值得注意。在参加练习的 16 名学生中，只有 13 名学生回来填写了测量偏见的问卷。没有返回的 3 名学生中有 2 名是退出练习的学生，因为他们觉得这个练习太令人痛苦了。因此，我们不清楚，这种并不显著的结果是否值得那两名学生付出的代价，或者是否确实存在那两名学生也能得到的益处。[10]

简·艾略特的干预项目是最早、最著名的多元化项目之一。令人吃惊的是，自从艾略特发明了这种方法后，多年以来只有 3 项研究检验了其有效性，而且只有一项是有随机分组的真正的实验检验。40 年后的今天，我们对蓝色眼睛、棕色眼睛的干预是更像“放血疗法”，还是更像青霉素的问题，依然没有确定的答案。

那么挑衅性较弱的多元化培训计划，如企业和学校为了教育员工和学生所采用的数千种计划，又如何呢？像我们之前提到的一样，这类计划几乎没有接受过检验。即使是接受过检验的计划，其结果也是不明确的。一些计划，特别是针对孩子们所设计的计划，已经被证明是无效的。一些为成人设计的计划，在人们的态度和行为方面，表现出了积极的效果。这些计划的形式形形色色，其中包括讲座、布置阅读任务、放电影、小组讨论或角色扮演，以及增加与被歧视对象的交往。人们花在这些计划上的时间从 4 个小时到 80 个小时不等。[11]

有效的计划与无效的计划之间有什么不同？突出的一点是：有效的计划

增加了参与者与被歧视对象之间的交往。这一发现成了社会心理学领域长期存在的一条原则。

改善两个群体之间关系的最有效方法是，让他们在有利的条件下一起相处。

有利条件下的交往

1954 年，高尔顿・奥尔波特（Gordon Allport）出版了一本经典之作《偏见的本质》（*The Nature of Prejudice*）。这本书激励并引导了一代又一代的社会心理学家。奥尔波特指出，让敌对群体在良好的环境中相处是很重要的。也就是说，他们的交往得到了当权者的批准，这些群体具有共同的目标、平等的地位，并共同参与合作性的活动。奥尔波特指出，没有什么检验这一假设的研究，也没有采用实验的方法。在那时，将实验作为检验态度和社会行为改变的方法正处于起步阶段。他指出，在检验减少偏见的计划的有效性时，“调查者经常会意识到需要设置一个控制组”。[12]

社会心理学家注意到了奥尔波特的建议，并在接下来的时间里做了几百项研究，以检验与被歧视对象交往的效果。其中很多研究是相关研究，它们比较了与目标群体交往的人和不交往的人。一些研究是真正意义上的实验，人们被随机分组，一部分人与其他群体的人互动，另一部分人不互动。最近对所有 500 多项这类研究的综述支持了奥尔波特的假设。在适当的情境下，让不同群体的人相互交往是减少偏见的最有效的方法。[13]

然而，大多数这类研究是在心理学实验室中开展的。如果在日常生活中让不同群体的人一起相处，那会如何？我们无法强迫人们与自己不同的人一起出去玩，特别是在消除了偏见的条件下，如不同的群体具有平等的地位和共同的目标。也许我们可以把目标设定为一个机构，其中的年轻人会遇到不同种族、不同民族以及不同背景的人，如公立学校。学校整合之所以重要的一个原因是，它为多元化群体的交往创造了机会。不过，整合本身是无效的，正如我们在耶拿镇事件中看到的。教育者需要再向前走一步，确保满足奥尔波特提出的有效交往的条件。[14]

最好的方法之一是合作学习的方法，即让不同民族、种族背景的学生一起合作解决问题。合作学习的方法有几个版本，每一个版本都是为了满足奥尔波特所说的减少歧视所必需的条件：有权者批准不同群体成员之间的交往，如老师启动并支持这个练习，每个成员在群体中拥有平等的地位，整个群体具有共同的目标，如他们都希望获得学业的成功，为了实现这些目标，他们必须彼此合作。例如有一种方法被称为拼图式教学，班级被分为6个组，每个组都包括不同背景的学生。老师分配给每个组一个任务，如写罗斯福总统的传记。老师给每位小组成员一些资料，这些资料与任务的不同部分有关，如对罗斯福一生中不同阶段的叙述。因此，为了取得成功，每个成员必须将自己知道的信息与团队其他成员知道的信息结合起来，就好像把一块块拼图拼在一起。这个过程鼓励团队成员之间的合作，使他们更有可能把对方看成是独立的个人，而不是某个与自己不同群体中的一员。[15]

对检验合作学习的方法效果的研究的综述，发现了令人鼓舞的结果。该综述审查了19项研究，在其中的16项研究中，合作学习小组中的学生与其他民族或种族的人建立起友谊的可能性更大。合作学习小组对学业成绩也具有积极的影响，小组成员比控制组的学生学到了更多知识。[16]

社会心理学家继续研究在何种条件下彼此交往是有益的。一些研究人员认为，关键在于让人们把其他群体的人看成是独特的个体，打破对这个群体的刻板印象。例如，当杰克发现李梅是一位很有天赋的运动员，而郭江喜欢反复看《宋飞正传》时，他们很难再保持对亚裔美国人的刻板印象，不会再认为他们都是没有其他兴趣爱好、只会学习的高分学生。其他研究人员认为，更好的方法是让人们与他们认为的某一群体中具有典型性的人积极互动，否则，他们很容易认为某人只是这个群体中的一个特例。比如说“我喜欢李梅和郭江，但他们不是典型的亚裔美国人”。第三种观点认为，让人们重新划定群体边界很重要，这样的话，以前被他们认为是群体之外的人，如“她是亚洲人，我是白人”，现在会被他们视为群体的一部分，如“我们都是州立大学的学生”。有关交往效果的研究还在继续，并以此来发现能带来最积极的改变的方法。[17]

他们能，我也能

故事编辑的方法如何能减少偏见？有能够改变人们的观点、消除不同群体成员之间障碍的简单方法吗？社会心理学家罗宾·马利特（Robyn Mallett）和我决定找出这些问题的答案。我们的出发点正是我们刚才看到的有关交往的假设，即减少偏见的最好方式是在有利的条件下，增加群体间的交往。然而在日常生活中，人们经常不愿意与不同种族的人建立友情，不一定是因为他们有偏见，而是因为他们担心这会引起尴尬，或者他们的努力会遭到拒绝。

例如，想象你在一家电信公司中得到一个职位，今天是你上班的第一天。早上你忙着填写各种表格和参加新员工介绍会，而现在终于到了休息的时间。你和其他几位新员工一起去自助餐厅吃点心，在买完咖啡和松饼后，你四下张望，想找个地方坐。你发现只有两张桌子旁边还有空位，一张桌子旁边坐着 3 名白人同事，另一张桌子旁边坐着 3 名黑人同事。在新员工介绍会上，这些人你都见过。你一时不知道该怎么办。你应该加入白人团体还是应该加入黑人团体？

研究显示，人们在这类情形下，并不愿意超越种族界限。如果你是白人，便更可能加入白人同事的行列；如果你是黑人，便更有可能加入黑人同事的行列。

不过，你之所以作出这样的选择不一定是因为你带有偏见。事实上，你也许很有兴趣认识黑人同事（如果你是白人）或白人同事（如果你是黑人），但不确定他们是否有兴趣认识你。“这样做可能会令人尴尬，他们也许不想有别人加入。”具有讽刺意味的是，他们或许也是这样想的：我们不会介意你坐到我们这桌，但不确定你是否真的想坐过来。例如，一系列研究发现，白人大学生和黑人大学生都有兴趣建立跨种族的友谊，但双方都认为，对方有可能拒绝这种主动示好。[18]

你也许还会断定自己与不同种族的同事之间没有多少共同点，但事实上，你们有很多共同点。当我们对某人的了解仅限于他是另一个种族的成员时，会倾向于过高地估计彼此间的不同，而低估共同点。因此，你会担心你们没有什么可聊的，但事实上，你会很快发现彼此间的共同点。[19]

罗宾·马利特和我发现，由于这些原因，白人事实上高估了与黑人交往可能引起的尴尬与可能遭遇的拒绝。白人大学生估计，结识黑人学生时的交谈可能是令人尴尬的，但在他们实际交谈后发现，这并不比结识白人学生时的交谈更令人尴尬，事实上，交谈出人意料的顺利。也许白人只需要一点故事编辑，以使他们相信，这类交往并不像他们认为的那样令人不适。也就是说，我们也许能够将他们的叙述从“我和黑人没有什么共同点，他们可能不想结交我”变为“也许我们之间有很多共同点，他们很乐意与我交朋友，就像我乐意与他们交朋友一样”。

以下是我们设法完成的事情：在大学的第一个学期，我们给弗吉尼亚大学的白人新生展示了一段录像。录像的内容是对两个成为朋友的弗吉尼亚大学学生的采访。在采访过程中，学生们提到，最初他们不认为他们会成为朋友，但后来发现，他们有很多共同点，并喜欢与对方一起共度时光。在随机分配后，一些被试看到的采访版本是两个不同种族的朋友，而其他人则看到的是对两个白人朋友的采访。我们推断，看到跨种族友情的白人新生会改变他们对与其他种族的人交朋友的观点，因为毕竟录像里学生们的友情发展得很好。

不过，听到一段成功的跨种族友情也许还不足以改变被试的观点，因为他们可以把这解释为一个对他们并不适用的特例。为了让信息能够击中要害，我们让其中一些学生写一些他们认为不会与某人成为朋友，但事实证明那是错误的经历。我们希望，观看跨种族友情的录像，再加上写下自己建立起意想不到的友情的经历，可以让大学一年级新生对跨种族友情持更开放的观点。

为了查看这些干预的效果，我们采用了几种测量被试对与其他种族成员交往的开放程度的方法。首先，在干预结束后，我们在被试允许的情况下，录下了他们接受非裔研究助理访谈时的情景。我们对录像进行编码，查看他们在接受访谈时的紧张程度。正如我们所预期的，与那些既没看过跨种族友情的录像，也没做书写练习，或只接受了其中一种干预的学生相比，接受两种干预的学生最不紧张。他们在实验后的几周中更有可能与其他种族的人成为朋友。

我们是如何知道这些的？当然，我们没有拿着笔记板跟着被试到处走，观察他们在派对上和谁交谈，在餐厅里坐在谁的旁边。我们让被试完成一份网上调查，让他们把在研究完成后的一周中认识的、有可能成为朋友的人的名字的首字母写下来，并指明每个人的种族。看过跨种族录像并完成书写练习的被试，与其他条件组的被试相比，在罗列的潜在朋友中，少数族裔所占的比例更高。

当然，我们的被试也可能不是非常诚实，夸大了有可能成为朋友的人中黑人的数量，以使自己看起来更开明。为了排除这种可能性，我们使用了更微妙的方法来测量被试的友情模式，即查看他们的社交网络页面。在征得被试的许可后，我们进入他们的社交网络个人资料页面，但没有告诉他们的是，我们在查看他们朋友的种族，且被试也不知道这个研究是关于跨种族友谊的。在参加完研究大约两周后，我们查看了他们社交网络的个人资料页面，数了数有多少朋友和他们同在一所大学。因为他们入学仅数周，所以我们推断，同在一所大学的朋友应该是他们新结交的。每添加一位新好友，社交网络会自动在个人资料中加入好友的照片，利用这些照片，我们能将这位新好友按照白人或非白人来分类。正如我们的预期，看过跨种族录像并完成书写练习的被试，与其他条件组的被试相比，在其社交网络好友中，非白人好友的比例会更高。[20]

这些结果可以推广到大学生以外的人群吗？或者能够推广到进入大学的时间比我们的被试更长的学生吗？我们不知道。大多数人经常有机会交到新朋友，如在工作、社区或狗狗公园里。我们希望故事编辑的方法能够适用于这些情况，减少跨种族友谊的障碍。

有一件事情是我们确实知道的，那就是人们一旦建立起不同群体间的友谊，便会产生有益的结果。加州大学伯克利分校的研究人员将拉丁裔学生及白人学生随机分配到友情双人组中。在这个组中，他们要见 3 次面，每次 1 个小时。在此期间，他们一起做有助于建立友情的活动，如玩游戏或轮流向对方表露有关个人背景的信息。一开始带有偏见或担心被拒绝的学生，在第一次见到友情同伴时，会表现出压力迹象。然而，在 3 次见面结束后，学生们在与新朋友相处时，会变得更放松、更自如。另外，一开始带有偏见的学生特别有可能主动与其他友情双人组中的成员，即研究指定的同伴以外的人互动。

与不同民族、种族的人互动通常比我们认为的更顺利。与其他群体的成员建立友情能够打破群体间的阻隔。[21]

方法园地

你也许会想，我们如何能大规模实施这种干预，并将其推广到心理学实验室以外的广大人群中呢？一种可能性是，政策制定者可以利用媒体的力量。在前面的章节中，我们看到媒体会产生消极的影响：看到电影演员抽烟的青少年，自己开始抽烟的可能性会变大。但是，我们也许可以通过展示积极的榜样，来正确地利用媒体。实际上电视和广播节目已经被用来传递积极的信息，并引发了广泛的行为改变。例如，在东非国家坦桑尼亚，人口的快速增长曾是一个问题，在 1948—1992 年，国家居民人数增加了两倍多。为了解决这个问题，健康部长发起了一部广播剧，在剧中，广受欢迎的人物实施着计划生育政策。20 世纪 90 年代，这个节目被在全国范围内广播了两年，除了一个地区之外，而这个地区就被作为控制组。生活在能够收听到广播的地区的人们，明显比收听不到这个广播的人们更多地实施了计划生育政策。在其他的许多国家，电视剧、广播剧都会被用来解决一系列的问题，其中包括艾滋病的传播、文盲、男尊女卑以及环境问题。

与群际关系最相关的广播剧是在恶名昭彰的卢旺达大屠杀的 10 年后播出的、试图促进民族和解的广播剧。在那次大屠杀中，近 75% 的图西族人被杀害。以前的屠杀者、受害者以及逃亡者试图生活在一起，面对不幸的过去，他们之间存在着巨大的不信任。广播剧在某种意义上描绘了多数族群胡图族与少数族群图西族之间真实的冲突，但在剧中，不同族群的人团结起来，共同反对暴力。广播剧开诚布公地探讨了暴力与偏见的根源，描绘了胡图族与图西族之间的友谊。在剧中甚至有一对罗密欧与朱丽叶式的胡图族与图西族的浪漫恋人，不过结局并不是悲剧性的，这对恋人终成眷属并成立了一个促进和平与合作的青年团体。

广播剧是否改变了人们的态度和行为？为了找出这个问题的答案，研究人员随机将卢旺达的村民分为收听和解内容的广播剧和收听普通内容的广播剧两组。收听和解内容广播剧的村民，相较于收听普通内容广播剧的村民，对卢旺达同胞表达了更多的同理心与信任，更支持不同族群成员间的通婚。

如果这些干预能让收看者或收听者将剧情与自己的经历联系起来，就像罗宾·马利特和我在书写练习中试图做的那样，那么干预会更有效力。事实上，一些电视剧、广播剧已经尝试这样做了。在结尾部分，一位著名的演员会讲解将那些教益运用到日常生活中的方法。

当然，即使不听广播剧，我们也能改变自己的行为。我们都遇到过这样的情况：想和一个看起来很有趣的人攀谈，但有些犹豫，因为那个人属于不同种族，或者是残疾人，或者来自另一种文化。我们不确定彼此间是否有足够多的共同点可以使交谈顺利进行下去，或者那个人是否有兴趣和我们交谈，而对方很有可能也有类似的想法，如“他肯定不想和我说话”。但是，如果我们尝试一下，走过去问候对方，也许会发现彼此间的共同点比想象的多，我们感兴趣的人非常愿意结识我们。下次再遇到这类情况时，你应该微笑着说“你好”，看看交谈会如何发展。你也许会交到一个新朋友，他和你都喜欢狗、寿司、甲壳虫乐队、手工鞋、园艺或你感兴趣的其他事情。

最后，我不禁要想，如果路易斯安那州耶拿镇的官员尝试过本章提出的一些方法，那么会发生什么。干预并非魔法，在充满种族事件的高中，实施起来尤其困难。不过，哪怕尝试这些方法中的一种，也比砍掉太阳炙烤的校园里的唯一一棵大树更好。

REDIRECT

THE SURPRISING NEW SCIENCE OF PSYCHOLOGICAL CHANGE

09 用积极诠释缩小成绩差距

吉尔老师布置了写诗的家庭作业，这让上三年级的穆里尔很兴奋。穆里尔知道很多诗，因为她爸爸上过大学，并经常让他们兄弟姐妹几个背诗句。能够自己尝试写诗让她感到很激动。作为长老会牧师的孙女，她常会有宗教情感，于是决定在诗句中体现这些情感。以下是她写的诗。

我常梦到爱的星光，
它从遥远的上空照下来。
很久之前星光就出现了，
地球上的人，他的爱，你应该知道。

对于一个三年级的学生来说，这已经很不错了。第二天她满怀自豪地把诗交了上去。几天后，当吉尔老师当着全班的面批评她时，我们可以想象穆里尔感到的震惊与羞辱。老师用两个手指夹起她的诗，就好像从垃圾堆里捡出一张纸，然后把它撕成了碎片。“穆里尔肯定是抄袭的，因为她不可能写出这样的诗。”吉尔老师肯定地说。作为惩罚，穆里尔那个上午一直站在衣帽间里。

班里有35个孩子，穆里尔碰巧是5个非裔美国学生之一。吉尔老师是一位上了年纪的白人女性，她对那5个学生没有耐心或爱心。一次，穆里尔和一个黑人同学在街上碰到吉尔老师。“您好，吉尔老师。”他们怯懦地说。

“在教室以外的地方，不要和我说话。”吉尔老师厉声说道。

学校中大多数老师都是白人且对非裔美国学生同样很冷淡。穆里尔四年级的老师，罗森伯格小姐在操场上享受着白人女孩的簇拥，她们拉着她的裙子，争着引起她的注意，几个幸运的女孩还被允许拉着罗森伯格小姐的手。但没有一个黑人女孩能够进入这种核心集团。

幸运的是，这种露骨的种族主义行为发生在几十年前，在如今的学校里已经很少见了。不过，它们并没有消失。让我们思考一下发生在一位非常聪明的西班牙裔女孩身上的事情。这个女孩叫玛利亚，是移民工人的女儿，最近他们才定居到我居住的城市。玛利亚在小学期间很优秀，到六年级时，她进入了最超前的阅读组。她是校乐队及交响乐队的活跃分子，她能演奏单簧管和小提琴，这是很不寻常的，她是少数几个能在两个乐队里演奏的学生之一。然而，在进入初中后，令人难以理解的是，她被安排进了英语慢班，并要求她在两个乐队之间选择，理由是她的学业不够好，不足以应付两个乐队的活动。虽然没有办法确切地知道原因，但似乎是她的种族和社会阶层导致了这种疏忽。忙碌的学校管理者可能凭臆想认为，她的英语不会说得很好，如果同时参加校乐队及交响乐队，便不可能把学习搞好。玛利亚表示了抗议，但没有效果。她让父母去跟校长谈谈，但他们的英语水平有限，不知道如何做才能有所帮助。

这个故事的结尾很圆满，但那只是因为一个很偶然的际遇。当地一位音乐家资助了一个奖学金计划，玛利亚参加了其中的小提琴课程。她跟小提琴老师提起自己再也不能参加交响乐队了。这位老师碰巧认识我的妻子，当时她是学校董事会的成员。我妻子打了几个电话，学校很快对玛利亚开展了阅读测试，发现她可以上最超前英语班，而且有资格重新加入交响乐队和校乐队。同样，穆里尔也战胜了老师的种族主义，在学校里获得了学业的成功，最终几乎以全班最优异的成绩从大学毕业。

然而，许许多多有色人种的学生却没有这么幸运，他们在学业上落在后面。穆里尔说，学校里大多数黑人孩子没能战胜老师的种族主义。她记得班上其他 4 个黑人孩子的名字，并有和他们在操场上和放学后一起玩耍的美好记忆，但不记得他们上过课。老师们竭尽所能不让黑人孩子出现在课堂上，大多数时候他们都成功了。即使在今天，西班牙裔及黑人学生辍学的可能性也更大，而且较不可能进入大学。在标准化测试中，平均来说，西班牙裔及黑人学生的成绩比白人学生的差。尽管在 20 世纪 80 年代，这种学业成绩的差距明显缩小了，但自从 20 世纪 90 年代开始，差距便一直保持相对稳定，在某些情况下，甚至加大了。例如在 2007 年的阅读测试中，白人初二学生的平均分比同年级黑人学生的平均分高 27 分，比西班牙裔学生平均高 25 分。在数学测试中，白人初二学生的平均分比同年级黑人学生的平均分高 32 分，比西班牙裔学生平均高 26 分。这些差距看起来似乎不大，但到 17 岁时，位于第 50 百分位的黑人学生的成绩仅相当于位于第 20 百分位的白人学生的成绩。[1]

为什么学业成绩差距这么持久，难以改变呢？是因为穆里尔和玛利亚遭遇的那种偏见，还是因为其他原因？人们提出了很多可能的原因，包括黑人和西班牙裔美国人较高的贫困率、教育的质量，还有社会与文化因素，如不同的教养方式、对考试的偏见以及最具争议的因素，即种族间天生的智力差异。在本章中，我们将思考每种因素的证据，探讨缩小学业成绩差距的方法，包括基于故事编辑方法的新技术。

驳斥基因差异

我们完全可以摒弃有关学业成绩差距的一种说法。没有可靠的证据能够证明，种族间存在天生的智力差异。我不会总结所有反对遗传观点的证据，因为理查德·尼斯贝特已经在他的书《开启智慧》(*Intelligence and How to Get It*)中有力地反驳了这一观点。以下是几个最能说明问题的发现：首先，如果非洲人的智力与欧洲人的智力存在遗传上的差异，那么某个人的祖先中来自非洲的人越多，这个人的智商就应该越低。例如，一些研究检验了这一假设。研究人员通过验血测量了人们的种族起源，并将其与他们的智商关联起来。总的来说，这些研究没有发现种族起源与智力之间的关系。其次，黑人与白人在智商测试以及标准化测试上的差距在1975—1990年的15年间显著缩小，如果将其解释为基因的改变，那未免太快了。最后，已有充分的证据证明，不同种族在智商测试以及标准化测试上的差距，完全是由环境因素造成的。[2]

有哪些环境因素造成了这种差距？以上提及的情况可能造成了这种差距，即阴魂不散的种族主义、少数族裔接受的学校教育的质量以及文化差异。正如我们将要看到的，为了解决这些问题而付出的努力产生了积极的效果。然而，有一个导致学业成绩差距的原因不是那么明显。事实上，它是在最近社会心理学领域的故事编辑研究中被发现的。幸运的是，用小小的故事编辑干预便能产生巨大的收益。让我们先来思考一下人们最常提及的、导致学业成绩差距的原因，以及解决它们的干预措施。

低期望

正如我们在前面章节中所看到的，种族主义远没有从现代的美国生活中消失。还记得游泳俱乐部的事件吗？郊区的白人父母反对黑人孩子和西班牙裔孩子使用游泳池。它发生在2009年的费城郊区，距离70年前穆里尔上小学的地方仅有20公里。幸运的是，学校中公然的歧视行为，如吉尔老师对穆里尔的态度，已经变得很少见了。尽管如此，老师对少数族裔学生的低期望依然会造成伤害。这种伤害更隐晦，就像社会心理学最著名的研究之一所显示的那样。

20世纪60年代，罗伯特·罗森塔尔（Robert Rosenthal）和丽诺尔·雅各布森（Lenore Jacobson）对一所小学的所有学生开展了一次测验，并把测验结果交给了老师。他们告诉老师，根据测验的结果可以预测，一些学生的成绩在未来一年中很可能会突飞猛进，而另一些学生则不会。关键在于，这些老师不知道所谓的“突飞猛进学生”只是随机选出来的，而不是以他们的测验成绩为依据。事实上，测验只是一个幌子，并非真的要测量什么。相反，研究人员感兴趣的是，在他们告诉老师某些学生特别有天赋，给老师灌输了这样的预期之后，会发生什么。他们坐观其变，到年底时，结果变得一目了然：在真实的智力测验中，所谓的“突飞猛进学生”的分数明显比非突飞猛进学生的分数高。

唯一能够导致这种情况发生的是老师思维中的自我实现的预言。学生自己不知道他们被设定为突飞猛进学生，父母也不知道，只有老师知道。老师们的预期使他们作出某种行为，因而让孩子们变得更聪明了。这究竟是如何发生的呢？或许老师故意作出一个略显冷酷的决定，即对待有前途的学生要比没有前途的学生更好。但情况不是这样，老师尽量平等地对待每一个学生。尽管他们付出了最大的努力，但依然会对突飞猛进学生更热情，用更难的学习内容来挑战他们，当他们出错时，会帮助他们解答。总之，在不知不觉中，他们对突飞猛进学生更好。

当然在现实生活中，心理学家不会让老师对学生未来的学业发展产生错误的预期。然而，老师只是凡人，在上课的第一天，他们便知道了自己学生的种族、性别和社会阶层，也许还会知道一些他们的家庭历史。例如，他们是否有一个学习很好或很糟的哥哥或姐姐。这些因素中的任何一个因素都会让老师产生预期，从而导致自我实现的预言，就像罗森塔尔和雅各布森的研究那样。

老师在某种程度上对黑人孩子的期望是比较低的。我们认为这便是造成学业成绩差距的原因之一，老师对待黑人孩子的方式使老师的预期变成了事实。有证明这种情况在现实中确实会发生的证据吗？研究者搜寻过这样的证据并得出结论，认为这种现象确实存在。一项研究发现，老师消极的预期特别有可能影响黑人学生或社会经济地位低的学生。[3]

另外，在现实生活中，老师的预期很容易传递给学生。穆里尔说，那次事件之后有一段时间，她不再努力学习。她想，既然吉尔老师不相信我能写四行诗，那努力有什么用呢？穆里尔还注意到，老师很少找她或其他黑人孩子帮忙做事，或者让他们做令人向往的班级工作。对于三四年级的孩子来说，那种工作，如纪律监督员象征着地位。在这种情况下，谁都有可能放弃努力。

贫困与社会阶层

2009 年，根据美国人口调查局的数据，12.3% 的美国白人位于贫困线以下。这个数字看起来似乎不大，但美国政府在定义贫困水平时是非常保守的。例如，对于没有孩子的两口之家来说，双方收入之和要低于 14 366 美元才能被归为贫困。对于有一个孩子的单亲父母来说，贫困的标准是收入低于 14 787 美元。因此，有很多家庭的确生活艰难，但没有达到官方的贫困标准。如果考虑到黑人家庭和西班牙裔家庭，这些数字便更加严酷了。即使按照这种保守的标准来算，仍有 25.8% 的黑人家庭以及 25.3% 的西班牙裔家庭位于贫困线以下。[4]

黑人孩子和西班牙裔孩子的生活比白人孩子更贫困的事实，从多个方面导致了学业成绩的差距。首先，生活贫困的孩子更有可能存在影响智力的生理缺陷，如胎儿期接触到酒精与药物、出生时的低体重以及没有或很少接受母乳喂养，还有铅中毒以及营养不良。其次，贫困的孩子上好学校的机会更少，特别是那些教师经验丰富、采用小班教学的学校。他们显然也得不到金钱可以买到的教育优势，如书籍、夏令营、家教以及升学考试预备课程。生活贫困的孩子更有可能经常搬家，这意味着不断变换学校，引起各种中断与混乱。

这些不利因素可以通过提高贫困人口的收入来解决。虽然说起来容易做起来难，但我们确实能够比现在做得更好，鉴于美国的贫困标准比很多发达国家的更高。然而与贫困及社会阶层相关的其他问题更具争议性，那就是中产阶级父母与较低阶层的父母，在教养孩子方式上的差异。正如我们在第 4 章中提到的，中产阶级父母与孩子的交谈更多，会更多地给孩子念书，更有可能鼓励孩子质疑这个世界，并分析世界这样运作的原因，所有这些可能都是中产阶级的孩子会取得更高学业成绩的原因。[5]

穆里尔之所以能战胜老师的种族主义，获得大学文凭，是因为她没有以上那些劣势。她的家庭期望她能上大学，为她提供了必要的支持。她父亲受过大学教育，两个叔叔都是医生。她家里有很多书。而班上其他黑人孩子则没有这些有利条件，因此学业也不像穆里尔那么好。

缩小学业成绩差距的一种方法是，在学前及学校中，为低收入家庭的孩子提供丰富的体验，特别是为他们提供在家无法获得的有利条件。

正如我们马上将要看到的，人们已经作出了很多这样的尝试。

缩小学业成绩差距的大型干预

到目前为止，我们看到的情境黯淡无望。很多社会及文化因素造成了学业成绩的差距，其中一些根深蒂固。为了弥补有色人种学生所面临的许多不利因素，看起来似乎需要大规模的干预。确实，这也是大多数专家及政策制定者所采取的方法。一些人认为，学校环境和高质量的老师是关键，我们必须全力以赴地改变教育系统，以消除学业成绩的差距。另一些人认为，这是一个单靠学校无法解决的大问题，我们必须将重点放在教室以外的贫困、阶层及文化等问题上。我们在后面会看到这些方法，但首先让我们来评估一种简单的方法：让贫困学生有更多取得好成绩的动机。

付钱给孩子们

根据一些专家的观点，贫困孩子对在学校里取得好成绩没有什么动力。几乎没有榜样向他们展示教育是摆脱贫困的方法。对于有色人种的学生来说，学业成功也许会降低他们在同伴中的受欢迎程度。也许通过付钱给他们，可以让孩子们克服这些抑制因素；或者如果孩子没有达到教育目标，便处罚这个家庭的做法也许会有效。

在美国以及其他地方，人们尝试使用激励和惩罚的方法，结果有好有坏。例如，经济学家罗兰·弗赖尔（Roland Fryer）在美国 4 所公立学校系统中发起了一项雄心勃勃的动机计划。在纽约和芝加哥的学校系统中，孩子们如果在标准化考试中取得了好成绩，或者课程学得好，便会得到奖励，即奖励的是他们的学业“产出”。在达拉斯和华盛顿的学校系统中，孩子们如果作出了能导致学业成功的行为，便会获得奖励，即奖励的是他们的学业“投入”。例如在达拉斯，二年级的学生每读一本书便会得到2美元。在华盛顿，被奖励的行为是按时上学、课堂表现好以及按时交作业。总共有261所学校的38 000多名学生因为他们的付出或成绩获得了奖励，奖励总金额达到了630万美元。

弗赖尔不仅实施了这些动机计划，而且对它们做了实验检验。在上述每一个城市，一些学校被随机分配到参与计划的组中，另一些被随机分配到不参加计划的控制组中。通过对两类学校中学生的比较，弗赖尔认为动机计划产生了具有因果关系的影响。

在大部分学校中，该计划的结果是令人失望的。事实上，只有在达拉斯的学校中，付钱给孩子的干预才产生了在统计学上具有显著意义的积极影响。达拉斯的学校奖励的是孩子的读书行为。参与该计划的二年级学生在阅读理解测试中比控制组的学生得分更高，而且他们取得了更好的成绩。但是在其他3个城市，该干预对学生的成绩只产生了微小的影响，或者根本没有产生影响。

付钱给孩子没有产生预期效果的原因有很多。正如我们在第4章中看到的，给孩子提供强有力的奖励是一种危险的做法，因为这会让他们认为，自己是为了钱才这样做的，破坏了他们一开始所具有的内在兴趣。但是，如果孩子们一开始就对某项活动就没有兴趣，那么提供奖励便不会造成危害。不过，在开展动机计划时，我们没有办法知道孩子们对上学的初始兴趣水平，因此我们没法判断奖励是否最终帮助了一些孩子，而伤害了另一些孩子。事实证明，给予孩子金钱刺激不是缩小学业成绩差距的有效方法。[6]

童年早期的干预

考虑到导致学业成绩差距的一些因素是在孩子生活的早期发挥影响的，也许最好的方法是尽早实施干预。一些干预已经尝试了这样去做，它们提供免费学前班，以及涵盖教育活动及提供丰富体验的日托计划。最著名的计划是开始于1965年的启蒙计划（Head Start），它针对的是3到5岁的贫困孩子。1995年，它将0到3岁的孩子也囊括了进来。两个版本的启蒙计划为孩子们提供了广泛的教育与健康服务。它们花费巨大。

它们有效吗？比答案更惊人的，也许是我们现在才开始去检验其有效性。1998年，当国会重新批准启蒙计划时，其附带条款是要由美国卫生与人类服务部确定这项计划的效果，而这项计划已经实施了33年，投入了数十亿美元。结果就有了2002年开始的启蒙计划效果研究。研究样本是从美国23个州的383个启蒙计划中心收到的3岁孩子的申请中抽取的。样本被随机分配到参与启蒙计划的组和控制组中，他们的发展情况一直被仔细地监控着，直到上完一年级。

至少因为两个原因，启蒙计划的效果必须非常强烈才能被检测到。第一个原因是，控制组中有超过40%的孩子最后参与了另一项学前计划，这意味着该研究检验的不是参与启蒙计划的孩子是否比不参与任何学前计划的孩子学习更好，而是检验该计划是否比混杂的控制组效果更好。事实上，控制组中18%的孩子最后进入了该研究以外的启蒙教育中心。第二个原因是，并不是所有被分配到启蒙计划组的孩子，到4岁时仍待在该计划中；而控制组的孩子到4岁时也被允许加入启蒙计划，只要他们的父母坚持这样做。结果到了计划的第二年，在当初被分配为参与计划的3岁孩子中，仅有63%的人留在了启蒙计划里，而控制组中有50%的孩子在那时加入了该计划。因此，研究成了检验与 3 岁时没有参与启蒙计划的控制组相比，3 岁时参与该计划是否有任何益处。

事实证明，3 岁时开始启蒙计划确实产生了积极的结果。在研究的第一年结束之后，参与启蒙计划的孩子在全面的学业能力测量上，包括早期的书写及数学技能测试中，相较于控制组的孩子，表现出了显著的提高。另外，与控制组的孩子相比，他们较少出现行为问题，他们的父母也表现出了积极的改变，即他们更有可能给孩子读书，并且扇孩子巴掌的可能性降低了。最后，参与启蒙计划的孩子在全面健康检测上得到了更高的分数，而且更有可能得到牙科保健。

这些积极的效果能持久吗？有一些能。到一年级结束时，有证据显示，3 岁时加入启蒙计划的孩子在口语能力方面具有微弱的优势。另外，与控制组的孩子相比，这些孩子与老师的关系更好。而且一些积极的教养风格也保持了下来：参与启蒙计划的孩子的父母报告说，他们较少有专制独裁的家长作风。不过，也许我们并不会觉得奇怪，很多积极的效果没有持续到计划的第一年之后。你们应该还记得，一年后，控制组中 50% 的孩子加入了启蒙计划，这也许提高了他们中一些人的水平，从而赶上了那些在 3 岁时参加启蒙计划的孩子。事实上，有另外一个被随机分配为 4 岁时参加启蒙计划的组，这些孩子到年底时，在几项学业能力的测量中也表现出成绩的提高。

其他研究者曾试着用非实验设计来评估启蒙计划的长期效果，并发现了令人鼓舞的结果。例如，一项研究比较了参与该计划的孩子和他们的、没有参加计划的兄弟姐妹；另一项研究比较了居住在有启蒙计划的乡村的孩子（因为他们符合计划的贫困标准）以及住在邻近乡村、没有该计划的孩子（因为他们不符合贫困标准）。这两项研究发现，启蒙计划具有长期益处。在一项研究中，参与计划的孩子更有可能完成高中学业，并进入大学，而且他们犯罪以及成为少年父母的可能性更低。尽管这些结果是令人鼓舞的，但我们需要保持谨慎，因为研究设计存在固有的问题，例如生活在邻近乡村的孩子，可能除了没有参与启蒙计划之外，还存在很多方面的差异。[7]

对于其他一些针对童年期的干预，我们能够更好地了解其长期效果，因为它们接受了严格的实验检验，而且这些孩子被追踪研究了数年。最著名的计划之一就是克雷格·雷米（Craig Ramey）及其同事创立的卡罗来纳早期教育项目（Carolina Abecedarian Project）。在这个项目中，贫困的非裔美国孩子从 4 个月大的时候便开始参加深入细致的学前计划，直到上学。这个项目几乎能满足人们想要的所有条件，如教师资源丰富，还有针对孩子教育发展、社会发展、情绪发展及认知发展的多样化活动，且特别强调语言能力。这个项目是全天性的，一周上 5 天，一年上 12 个月。这个项目是少数几个包括了控制组的儿童干预项目之一。

为了查看干预效果，研究人员对两组孩子开展了多年的追踪研究。到他们 21 岁时，参与学前项目的孩子与没有参与的孩子相比，他们的智商测试得分更高，需要接受特殊教育课程以及留级的可能性更低，在阅读、数学及认知能力的测试中取得了更高的分数，完成高中学业且进入大学的可能性更大，而且不太可能成为少年父母。这些影响的重要性是非常显著的，例如，在 21 岁时，参加学前项目的孩子进入四年制大学的比例几乎是控制组孩子的 3 倍。

其他早期干预项目也产生了积极的效应，如 20 世纪 60 年代在密歇根州伊斯兰提（Ypsilanti）实施的佩里学前项目（Perry Preschool Project）。这类早期干预之所以有效，关键在于要早实施，我是指在出生后不久就要开始实施。而且干预必须深入细致，质量要非常高。尽管这些干预具有持久的益处，但并没有完全消除学业成绩的差距。[8]

重新设计学校

童年早期的干预存在的一个问题是，它们到孩子上学时便结束了。尽管这类项目具有积极的长期效果，但现实情况是，很多孩子依然生活贫困，会进入糟糕的学校。也许我们应该为小学和中学的孩子开发一些项目。

几乎全国每一个学区都尝试过这种做法，并实施了大量针对阅读、数学及其他课程的计划。毫无疑问，这类计划中有一些是有益的。我认为有异议的是，我们并不真的知道它们的效果，因为研究人员很少采用实验设计的方法对它们做充分检验。但在这方面，情况正在改善。2002 年，美国教育部创立了一个名为有效教学策略网的网站①，它介绍了评估教育干预的一套标准，并回顾了符合这些标准的研究。这是巨大的进步，因为它将提醒人们，需要关注更严格的研究。

其他教育者认为，单一实施某一项计划是不够的，我们需要从上至下地重新构建学校。例如，全国建起了几百所特许学校，它们宣称能为贫困孩子提供比公立学校更好的教育。同样，这些学校的效果也没有用严格的实验研究来评估，不过有证据显示，在缩小学业成绩差距方面，大多数特许学校做得并不比公立学校更好。[9]

其中一个例外是 1994 年由两名教师迈克尔・费恩伯格（Michael Feinberg）和戴维・莱文（David Levin）创办的“知识就是力量项目”（Knowledge Is Power Program）。这两位教师刚参加完“为美国而教项目”（Teach For America），这是一个对构建能够帮助贫困孩子的学校的方式具有创新性的想法的项目。如

① 网站地址：http://ies.ed.gov/ncee/wwc/。

今，在美国的19个州及哥伦比亚特区，已经有60多所实施“知识就是力量项目”的学校了。它们主要招收低收入家庭的孩子，90%以上是非裔或西班牙裔孩子。这些学校的一个典型特点是，学生7:30到校，下午5:00放学，每个月有两个周六要上半天课，还要参加为期3周的暑期课程。这些学校还尝试着创造具有高期望、强烈认同感以及纪律严格的环境。

有一项实验研究正在检验实施“知识就是力量项目”的学校的有效性，不过我们目前只能依靠非实验性的检验。该检验比较了这些学校的学生，以及与他们类似，但没有实施“知识就是力量项目”的学校的学生。研究得出了充满前景的结果：在阅读及数学的标准化测试中，实施“知识就是力量项目”的学校的学生取得了更高的分数。但是，我们现在还不能确定这种差异是由学校造成的，还是因为实施“知识就是力量项目”的学校的学生一开始就有所不同。例如，也许他们的父母特别希望看到孩子能学业有成。[10]

对被称为希望学校（Promise Academies）的特许学校的成功，我们能够更有把握。希望学校由哈林儿童区组织（Harlem Childrens’Zone）运作。该组织成立于20世纪70年代，它试图减少纽约市黑人居住区的贫困所产生的影响。它的目标是哈林区97街区，并在那里开发和建立了20多个项目和特许学校。就像实施“知识就是力量项目”的学校一样，该项目没有内置的实验评估。不过，聪明的研究人员利用了一个关键事实，来评估哈林儿童区项目。这个事实是，按照纽约州的法律，如果申请上特许学校的人数超过了它的招收能力，那么特许学校必须随机选择学生。从本质上说，这创造了一个实验设计，研究人员因此可以比较被选入特许学校的学生及落选学生的学业成绩。结果如何？到初二时，进入希望学校至少两年的学生在数学及阅读方面，比落选的学生好很多。这所希望学校初二年级的学生全部是少数族裔的孩子，其中90%是黑人，10%是西班牙裔，事实上，他们在数学方面比纽约市其他公立学校的孩子更优秀，这种差距已经达到了统计上的显著程度。而且有证据显示，正是这些希望学校，而不是哈林儿童区组织的其他项目，引发了这些令人瞩目的成效。因为那些进入了希望学校而没有参与其他项目的孩子，和参与其他项目的孩子一样，表现出了同样的学业成绩。[11]

看起来大规模重新设计学校系统的尝试，能够有效缩小学业成绩的差距。我们还不能确切地知道实施“知识就是力量项目”的学校以及哈林儿童区组织的学校如此成功的原因，但其中一个关键因素也许是学生接受了大量的指导。像实施“知识就是力量项目”的学校的学生一样，希望学校的学生每天上课的时间较长，一年中上课的天数较多，而且需要额外辅导的学生会参加周六的课程。另一个可能的因素是，这些学校吸引了具有奉献精神且有才华的老师，而且只有最好的老师才会被留下来。

好老师的影响不容小觑。正如前面提到的，穆里尔在经历了那次可怕的种族歧视事件后，曾一度放弃了学习，但在六年级时，她的老师换成了西蒙小姐。西蒙老师看出了穆里尔的才华，她对穆里尔很和善。她分配给穆里尔大家都很渴望的职责，如衣帽间监督员，其职责是当学生们取大衣时，把衣帽间的门打开。西蒙老师还会给她一些小礼物，如一盒用剩的蜡笔。当穆里尔没有充分发挥潜力时，西蒙老师也会对她很严厉。一天，穆里尔发现自己忘写作业了，作业是读一篇报纸文章，然后写一篇总结。在回家吃午饭的时候，她匆忙看完了报纸，在纸上草草写了几个字。那天下午，西蒙老师第一个叫穆里尔起来跟全班讲一讲她看的文章。穆里尔只记得大标题，说完大标题后，她窘迫地站在那里。作为惩罚，穆里尔失去了衣帽间监督员的差事。通过西蒙老师的鼓励和严格要求，穆里尔重新回到了学习的正轨上。

刻板印象威胁与学业成绩

我们刚才看到童年早期的干预以及重新设计学校的尝试，能有助于缩小学业成绩差距。那么故事编辑的方法又如何呢？通过故事编辑的方法，我们试图改变人们在遇到困难时对原因的叙述。首先，让我们来思考一下俄克拉何马州立大学（University of Oklahoma）的研究者的研究结果。在研究中，非裔美国学生和白人学生会做标准的智力测验。在测验中，受测者会看到一系列几何图形，并根据规律推测下一个图形是什么。研究人员将被试随机分为3组，3组之间唯一的不同在于他们接受的指导语不同。第一组接受的是测验手册中的指导语，其中几处用到了“测验”一词，并将它描述为“是对观察能力与清晰的思维能力的测量”。第二组被试接受的指导语把该测验说成是一种智力测验。这些被试了解到，“就像学习能力测验和美国大学入学考试一样，该测验经常被用于测量个人的智力与能力”。最后一组接受的指导语是，“你将完成的是一系列谜题”。“谜题”一词被反复使用，指导语中既没有用到“测验”一词，也没有用到“智力”一词。在听完指导语后，被试用40分钟的时间来完成这个测验。

记住，所有学生接受的是完全相同的测验，唯一不同的是他们听到的指导语。这似乎不会影响人们的表现，毕竟该推理测验是使用非常广泛的一种智力测验，而且经过了几十年的考验，被证明是测量推理能力的“纯粹的”方法。由于该测验只涉及几何图形，没有任何文字内容，因此人们认为它测量的是不带任何文化偏见的基本推理能力。因此，无论把它说成是智力测验，还是说成谜题，都应该没什么影响。但事实证明，这是有影响的，而且影响很大，至少对一类人群是这样，那就是非裔美国人。正如在下图中看到的，当这个测验被描述为是对智力的测量时，典型的学业成绩差距就显露了出来：白人胜过黑人，差距程度和其他智力或成就测验中所表现出来的差距程度相同。如果被试接受的是标准的指导语，即将测验描述为对观察能力与清晰的思维能力的测量，那么差距依然存在，但程度降低了。让我们来看一看，当测验被描述为谜题时，发生了什么。正如我们在下图最右侧的柱状图中看到的，之前的成绩差距完全消失了。事实上，在这种条件下，非裔美国学生比白人学生做得还稍微更好一些。这是怎么回事？很明显，学生们对测验的诠释导致了他们在表现上的差异。这种诠释不会出现在智力或成就测验中。[12]

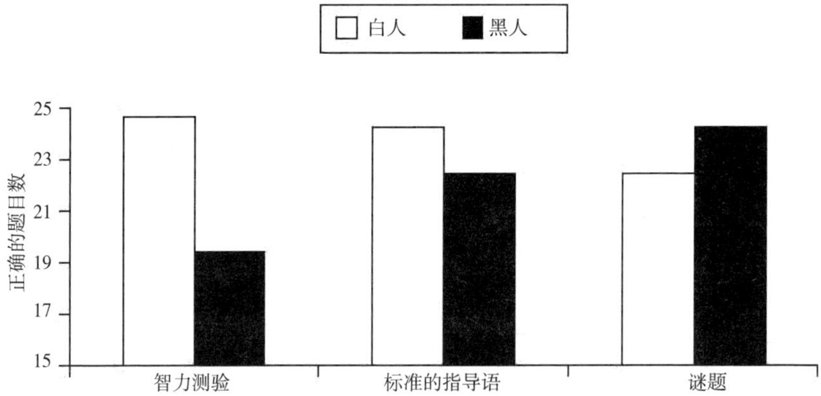

研究中出现的重要现象被称为刻板印象威胁（stereotype threat），它是由社会心理学家克劳德·斯蒂尔（Claude Steele）发现的，详细情况可参见他的著作《刻板印象》（*Whistling Vivaldi*）。

刻板印象威胁是一种心理状态。处于这种状态时，人们感到自己所属群体的消极刻板印象有被证实的危险。

例如，非裔美国学生都很了解黑人的智商不及白人的刻板印象。当他们接受一个测验，并被告知这是测量智力的测验时，他们便会担心自己将证实那个刻板印象，而白人学生在做同样的测验时，就不会有这样的担忧。这种担忧占据了心理资源，引发了焦虑感，使非裔美国学生很难集中注意力完成测验。在以上描述的研究中，当黑人学生被告知该测验测量的是智力时，他们的表现就比白人学生差。但如果不告诉他们这个测验是测量智力的，他们便可以完成得像白人一样好。

从柱状图中你也许已经注意到了，当白人学生被告知这个测验是智力测验时，他们的表现最好；而当他们把测验看成是做谜题时，则表现得最差。尽管这种差距没有达到统计上的显著性水平，但它们反映出其他研究中发现的一种趋势，即如果刻板印象是他们的群体比其他群体更擅长某项任务，那么他们的表现会得到改善。由于存在白人的智商优于黑人的刻板印象，因此白人学生在知道这是智力测验的情况下比在知道这是做谜题的情况下表现更好。这种现象被称为刻板印象提升（stereotype lift）。不过我们的关注点在于刻板印象威胁，即由于人们担心自己会证实有关群体的消极刻板印象，会表现得较差。[13]

并非只有在少数族裔美国人中才存在刻板印象威胁的现象。只要某项任务有可能证实人们所属群体的消极刻板印象，它便能够使任何人在这项任务上表现更差。例如，如果强调数学方面的性别差异，那么女性在数学测验上的表现就会逊于男性。但是，如果忽略数学方面的性别差异，或者说这种差异不适用于她们正在接受的测验，那么女性能够表现得像男性一样好。如果告诉女性，模拟驾驶测试是为了调查男性比女性更擅长开车的原因，那么在模拟驾驶中，这些女性驾驶模拟汽车撞到行人的可能性，是不知道这种性别差异的女性的两倍。[14]

刻板印象威胁之所以会产生这种暗示效应，是因为它会触发思维的恶性循环，这类似于我们在第 1 章中探讨的恶性循环。当人们在监控自己的表现时，会惦记着这种刻板印象，并担心自己会证实它，这让他们感到焦虑和激动，并导致更多的担忧和自我怀疑。例如，“哦，不，我不会做这道数学题，也许刻板印象是真的”。接下来，人们用心理能量来压抑这些纷扰的想法。问题是，所有这些步骤，即变得焦虑、激动，监控自己有可能证实刻板印象的表现，试图压抑有关刻板印象的想法，会耗尽心理能量，因而可以集中在测验上的心理能量就所剩无几。注意力越难集中，人们的表现会越差，从而再次触发这个过程。由于存在这些压力、担忧、反复思虑及压抑的想法，就不难解释为何处于刻板印象威胁之下的人会比将全部精力集中在测验上的人表现得差了。

值得注意的一点是，这种表现上的不足很容易被纠正。正如我们在以上例子中看到的，简单地重新诠释测验的意义便可以消除成绩差距。同样，通过强调某个群体的积极面，或向人们介绍一个来自刻板印象群体的积极榜样，如一位女性数学奇才，我们也能够降低消极刻板印象的显著性。另外，让人们明白刻板印象威胁的本质，也会有所帮助。所有这些方法都能成功地使人们摆脱刻板印象威胁所引起的恶性思维循环，让他们更好地将注意力集中在眼前的任务上。[15]

有人可能会认为，这意味着我们前面讨论的社会、文化变量，如种族主义、贫困、教养方式以及学校教育等在引起学业成绩差距方面并不像我们认为的那么重要。如果从测验环境中消除刻板印象威胁，就能够消除学业成绩差距，那么我们也许把精力用在了不该用的地方。根据这种观点，学业成绩的差距主要是由测验环境中的不公平竞争造成的，而不是很难改变的社会或教育因素。例如，再去看看前面的柱状图：当去除了测验环境中的刻板印象威胁，成绩差距便被完全消除了。从心理学角度看，当竞争是公平的，黑人大学生的表现和白人大学生的一样好。

然而，如果因此得出结论说，所有学业成绩差距都是由测验偏见造成的，我们不必再担忧贫困与种族主义了，那无疑是错误的。是的，一些差异可能是由测验本身带来的威胁造成的。不过，我们应该记住，有关刻板印象威胁的大多数研究的对象是大学生，他们显然是具有高度选择性的样本。为了进入大学，他们已经克服了重重阻碍，如果他们是黑人且很贫穷的话就更是如此。其他许多贫困的学生没能克服这些障碍。想一想穆里尔的黑人同学，他们得不到穆里尔所拥有的那种家庭支持。或者再想一想被不公平地安排到阅读慢班的西班牙裔学生，如果他们没能说服学校官员重新测试会如何。在 2000 年，仅有 14% 的西班牙裔美国人和 27% 的黑人进入大学，而白人上大学的比例为 38%。我们必须继续寻找消除少数族裔所面临的障碍的方法，包括实施我们前面探讨过的、显露出成功迹象的大型干预。[16]

同样重要的是，要注意到刻板印象威胁有可能阻碍早期的学业成功，并会影响大学生在测验中的反应。对证实消极刻板印象的担忧，不仅在参加测验时，而且在从童年就开始的日常生活中，也会起着暗中破坏的作用。这种螺旋式上升的焦虑所付出的心理和生理代价都是高昂的。例如，研究显示，感受到刻板印象威胁的非裔美国人的血压会升高。我们中的很多人经常会面临这类威胁，此时我们会放弃努力。毕竟，对于很难获得的事物，最好的应对方法之一就是贬低这个事物的价值，就像狐狸与葡萄的寓言那样，如果我们吃不到，那葡萄肯定是酸的。如果上学会引起这么大的压力，那么它肯定不是非常重要。不过，少数族裔比白人更有可能逃避学校。例如，2008 年，非裔美国人的辍学率是白人的两倍，即 9.9% 比 4.8%，而西班牙裔美国人的辍学率几乎是非裔美国人的两倍，达到了 18.3%。留在学校里的少数族裔孩子通常像非少数族裔的孩子一样重视学业，但刻板印象威胁的压力让他们付出了很大的代价，降低了他们的成就。正如克劳德·斯蒂勒所说："反驳刻板印象是一种永无休止的苦工。只要你依然在刻板印象的影响范围内，你就不得不一而再、再而三地反驳它。"[17]

不过，如果我们在孩子对刻板印象威胁特别脆弱的时候对他们采取干预，让螺旋向下发展，那会有何种结果呢？也许一次故事编辑就能重新改变人们的思维方式，降低刻板印象的威胁，防止思维进入自我挫败的循环。我们有理由相信，尝试这种方法的恰当时机是孩子们上中学的时候。大多数孩子上中学时会换学校，将面临新的学业压力，此时分数可能会下降，行为问题会增加，特别是少数族裔的孩子。此时是否是刻板印象威胁导致压力与糟糕表现的关键时期呢？如果是这样，故事编辑的干预是否能防止这种情况的发生呢？[18]

用故事编辑干预缩小成绩差距

最先用于缩小成绩差距的故事编辑干预之一是以得克萨斯州乡村学校的初一学生为目标的干预。在这些学生中，大约有 66% 是西班牙裔，20% 是白人，13% 是黑人，而且大约 70% 的学生有资格获得免费午餐或减价午餐，这是援助贫困学生的标准措施。研究人员推测，这些学生特别容易受到刻板印象威胁的影响，并设计了两种故事编辑干预来防止它的发生。在第一种干预中，研究人员给学生们分配了一位大学生辅导员，在整个学年中，他经常与学生们保持联系，并强调说，很多学生在刚上中学的时候，都在学业方面遇到了困难，但当他们学会适应新环境后，成绩通常会改善。这种干预的基础是我们在第 1 章中探讨的针对大学生的研究。该项干预的目的是防止消极的自我挫败的思维循环，避免人们因糟糕的学业表现而自责，最终导致放弃。

在第二种干预中，研究人员依然给学生们分配了一位辅导员。与第一种干预不同的是，辅导员没有同孩子们探讨升入中学后的过渡阶段，而是强调智力是一种可以习得的技能，不是天生的能力。这种干预的基础是卡罗尔·德威克有关“心态”的研究。研究人员推测，这是另一种防止陷入自我挫败的思维循环的方法。正如我们在第 4 章中看到的，许多孩子相信智力是一种固定不变的特质，因此当他们遇到学业困难时，便会把那看成是他们不够聪明的迹象。这会导致放弃：如果你不具备必要的条件，那何必还要一再地去碰壁呢？如果能让孩子们相信，智力是可以通过练习而得到发展的一种技能，那么他们也许会把学业困难看成是需要他们更加努力的迹象。

其他孩子被随机分配到控制组中。这些孩子也有辅导员，但辅导员告诉他们的是使用药物的危险，完全不探讨学业。事实证明，两种故事编辑的干预都改善了学业表现。在学年末，两个干预组的学生在标准化阅读测试中，与控制组的学生相比，取得了明显更高的分数。在标准化数学测验中，接受干预的女孩的成绩比控制组女孩的成绩好很多，且跟男孩的成绩一样好。干预没有提升男孩在数学测验上的表现，也许是因为他们在这个领域中没有遭受像女孩那样的刻板印象威胁。事实上，男孩在数学方面已经表现得比女孩更出色了。另一项研究也使用了类似的“心态”干预。研究人员告诉孩子们，智力是可以训练的，而不是固定不变的。它同样使纽约市一所学校的少数族裔的初一学生取得了成功，这所学校主要招收黑人学生及西班牙裔学生。[19]

如果采用更加简单的故事编辑干预，是否也会有效呢？杰弗里·科恩（Geoffrey Cohen）、胡里奥·加西亚（Julio Garcia）、瓦莱丽·沃恩（Valerie Purdie Vaughns）和他们的同事决定去探究这个问题。他们的研究对象也是初一学生，地点选在新英格兰的一所中学，那里的非裔美国学生和白人学生几乎各占一半。令人吃惊的是，这项干预从表面上看是那么微不足道。在学年之初，学生们要完成一个 15 分钟的书写练习。研究人员给他们一个清单，上面列着他们可能会重视的一些事物，如与朋友和家人的关系、宗教、音乐、政治，并让他们选出两到三项对他们来说最重要的事物。然后，学生们要写下这些事物对他们很重要的原因。根据研究版本的不同，学生们在一学年中会完成三到五次这样的书写练习，通常是在压力很大的时候，如考试的日子。那些被随机分配到控制组的学生，要么写对他们不重要的某种事物为什么对别人很重要，要么写无关的主题，如早晨的例行事务。

也就是说，干预没有尝试改善孩子们的学习习惯，或者教授他们数学或阅读技巧。整个干预只是书写任务。你也许会问，为什么研究人员会认为，这样一个简单的练习就能够缩小成绩差距？原因在于社会心理学的中心原则。

如果人们被鼓励把自己看成是善良、有能力、有道德的人，当这种自我评价受到威胁时，他们会竭尽全力在心理上修复自我形象。

我们有必要在此追溯一下这个社会心理学理论如何发展成了针对中学生的干预，因为它说明了理论如何能产生简单但有效的故事编辑干预。如果没有早期的基础性研究，便永远不会有这些干预措施。

已有几百个实验记录了保持积极的自我形象的重要性，以及人们为了实现它会采取何种策略。一般来说，人们会直接应对对自尊的威胁。例如，我身份的核心部分是一位有能力的实验心理学家。如果某件事情威胁到这种观点，例如我提交的期刊文章得到了负面反馈，那么我就会尽力消除这种威胁。例如，我会重写那篇文章；发给另一家期刊，或试着改进文章涉及的研究。但是，如果这些方法都没有用，那会如何？人类是杰出的合理化者。为了让自己感觉好些，我会寻找一些解释，让批评的矛头从我这里转移开。例如，期刊的编辑不知道自己在说些什么；他们咨询的专业评审人肯定太忙了，没有仔细读这篇文章；我的研究发现太新颖、太超前了，他们根本无法理解。当然，我并不是有意识这样做的，潜意识中的合理化效果最佳，因此我并不知道自己是为了感觉良好，才冒出了这些念头。我觉得事情就是这样，所以才这样说的。

不过，合理化也是有限度的。在现实击碎我的合理化之前，我能使出的招数也就止于“被误解的天才”这个程度了。现在我怎么办？就此认输，承认我在自己生活的核心领域中是一个失败者吗？别这么快否定自己。克劳德·斯蒂尔提出了自我肯定理论（self-affirmation theory），他认为人们还有其他的出路：提醒自己，我们在其他一些领域中是多么有能力。“也许我做不好实验心理学家，”我会想，“但我是一个热爱家庭的男人，毕竟，这比那些愚蠢的期刊文章重要多了。”斯蒂勒和他的同事在若干实验室实验中展示了这种自我肯定的过程。为人们提供肯定自我的机会，可以成为抵抗自尊威胁的有力预防剂。例如，如果音乐对我们很重要，那么想一想自己是多么了不起的音乐家，便能让我们摆脱学业成绩差的刺痛。[20]

所有这些与缩小中学成绩差距有什么关系？你也许能看出其中的联系。想象你是一名非裔初一学生，在整个学习生涯中，你不断感受到刻板印象威胁。与班上的白人孩子不同，在考试或写论文的时候，你会变得非常担心。也就是说，你担心自己会证实对黑人的消极刻板印象。正如我们已经看到的，刻板印象威胁会让心理和生理付出巨大的代价，感受到这种威胁的人的表现会变差。但是，如果我们提醒你，你的生活还有其他很重要的部分，而且你很珍视它们，那会如何？与你的种族无关的领域是否是“安全的认同”？科恩及其同事所设计的书写练习就是为了达到这个目的。它让学生们可以肯定与学业无关的自我价值，如对家庭或宗教的爱。研究人员推测，这个练习会让黑人学生在下一次考试或完成困难的作业时，变得不那么焦虑和紧张。学业看起来不再是一种不成功便成仁的状态，也不是随时有可能证实他们对自己最糟糕的担忧的东西，更不是其他人对他们的刻板印象，因为生活中毕竟还有其他重要的事情。这在某种程度上能帮助学生更好地集中精力答题，他们的信心会大增，这让他们更容易为以后的考试好好学习。

研究取得了惊人的成功。完成自我肯定书写练习的非裔美国学生，与被随机分配到控制组的非裔美国学生相比，在接下来的两年里，取得了明显更高的分数。这个干预对以前学业很不好的非裔美国学生尤其有效。与控制组中类似的学生相比，这些学生的分数明显高出一截，而且需要补习或留级的可能性非常低。书写练习对白人学生的成绩没有影响，也许是因为他们在学业方面没有刻板印象威胁所造成的极端压力。

为什么写几次具有重要价值的事物就能有如此持久的效果呢？研究人员认为，这与第 1 章中探讨的帮助大学生改善成绩的故事激励方法如出一辙，即打破导致螺旋式下降的自我挫败的思维循环。控制组中的非裔美国学生特别有可能陷入自我挫败的思维循环，他们会把糟糕的成绩看成是自己不适合上学读书、不具备取得好成绩的必要条件的迹象。然而，接受干预的非裔美国学生比较有可能避免这种循环。研究人员发现，如果一开始他们的成绩不好，他们不太会认为自己永远学不好，或者自己不适合上学读书。[21]

类似的故事编辑干预曾被用于帮助少数族裔大学生。例如，在白人占主导的大学中，黑人学生特别容易觉得自己不属于大学，尤其是在他们经历了学业上的挫败时，如大学的第一学期。如果是这样，那么通过干预将他们的叙述从“我不适合这里”变为“每个人都会有不顺利”，也许能加强他们的归属感，并改进他们的学业表现。为了验证这一假设，研究人员在一所白人占主导的大学中，对大学一年级的黑人学生和白人学生开展了一项研究。在处理条件组中，学生们了解到一些统计数字，看到对以前学生的采访。在采访中，这些学生表示大多数学生在刚上大学的时候，都会担心自己不属于这里，但随着时间的流逝，这种担忧会逐渐减少。为了加强这一信息，学生们要写一份演讲，说明这些经验对他们的用处，即他们自己对是否适合上大学的担忧为什么可能是暂时性的。之后，他们对着一台录像机发表这篇演讲，表面上，研究人员会对学生们说，这是为了给将来入学的学生看。控制组的被试也重复相同的程序，不同之处在于，他们学习的是大学期间社会及政治态度发生的改变。他们听到的内容与归属感的改变完全无关。

整个过程仅持续 1 个小时。然而，就像其他故事编辑干预一样，它对黑人学生的学业表现及幸福感产生了长期的显著效果。相较于控制组的学生，获得有关归属感信息的学生，相信自己能够更好地适应大学，对学业变得更投入，他们会更多地学习，参加更多的复习课程，在课堂上更多地提问，并且在未来几年的学习中，取得了更好的成绩。不仅如此，在毕业前完成的调查问卷中，接受过“归属”干预的黑人学生报告说，他们的健康状态更佳，较少看医生，而且比控制组的黑人学生更快乐。“归属”信息对白人学生没有效果，因为他们中的大多数人已经觉得自己适合上大学了。[22]

开展这些故事编辑研究的研究人员强调，他们的干预并非要替代其他缩小学业成绩差距的方法，如更好的学前教育、重新设计学校系统。如果说，为了帮助少数族裔的孩子获得更好的成绩，我们所要做的只是让他们用很短的时间写一写对他们来说有价值的事物，那显然是荒谬可笑的。这个干预显然不能让不会拼写的孩子学会拼写。让孩子们肯定自我的方法，在支持性的环境中效果最好。也就是说，在这种环境中，孩子们能得到好好学习以及表现出色所需的资源。但是，如果学校忽视这些简单、廉价的帮助少数族裔孩子获得更好成绩的方法，那同样是荒谬可笑的。

方法园地

有关刻板印象威胁的研究与每一个人都有关联，因为我们都属于某个群体，都有可能感受到消极的刻板印象。正如我们看到的，当人们感到自己有可能证实对本群体的消极刻板印象时，就会出现较差的表现，如黑人在成就测验、智力测验上的表现较差，女性在数学测验中成绩较差。相对于其他群体，一些群体，如白人男性则较少被印刻上污名。但是，即使是这种享有特权的群体也会感受到刻板印象威胁。例如，一项研究发现，当白人男性想到自己的数学考试成绩会与亚洲男性的考试成绩作比较时，他们在考试中的表现会较差，因为亚洲男性被认为具有优异的数学能力。另外，每个人都无法逃避变老的事实。研究发现，当老人认为测试检验的是不同年龄的记忆力差异时，他们在记忆力测试中的表现会较差，因为那触发了老年人健忘的刻板印象。

鉴于所有人时不时地都有可能遭遇刻板印象威胁，因此很重要的一点是，要牢记防止它的方法。提醒自己表现的好坏主要取决于努力而非天生的才能，这是有帮助的。同样有帮助的是杰弗里·科恩、胡里奥·加西亚、瓦莱丽·沃蒽和他们的同事所采用的那种自我肯定的任务。在这项任务中，学生们把他们认为具有重要价值的事物写下来。正如我们看到的，提醒自己所珍视的价值，能够降低相关情境引发的焦虑感。单单是了解刻板印象威胁都会有所帮助，因为它提醒我们："等一等，这个记忆力测试测的是我，而不是我所属的群体。"

我们还可以为有可能证实群体刻板印象的人创造归属感，例如在公司简报中采用描绘女性及少数族裔的照片。尽管这看上去好像是在公司照片上故意调高女性和少数族裔的比例，以显示公司对政治正确性的极端关注，但这种方法确实很重要，因为它传递了公司中有大量"像我一样"的人的印象，从而降低了刻板印象威胁。用克劳德·斯蒂勒的话说，任何能产生"安全认同"的事物都会有所帮助，因为之后人们便不必总惦记着自己的群体成员身份了。

当然，我不应该只是在公司或学术界传递少数族裔及女性得到了很好的代表的印象，而应该竭尽所能确保他们真的被很好地代表了。这不仅是为了实现社会公正公平的基本目标，也是因为群体的构成会向群体成员传递重要的信息。高等数学课上唯一的一位女性，或者研究生课上唯一的一个黑人学生，很可能感到自己成了注意的焦点，并要警惕别人对他们的看法。防止这种情况的最佳方法是增加少数族裔代表和女性代表的数量，这样注意的焦点就不会只集中在一两个人身上。让我们思考一下大学女生和其他两名学生一起参加一个很难的数学考试的研究。一种条件是，3 名学生都是女性。另一种条件是，学生中有两名女性和一名男性。第三种条件是，学生中有一名女性和两名男性。这种看似随意的性别构成对女性在考试中的表现产生了巨大的影响。当 3 个人都是女性时，她们答对了 70% 的题目；当 3 个人中只有一名男性时，她们答对了 64% 的题目；当只有一名女性时，她只答对了 58% 的题目。在语言考试中，性别构成对女性的表现没有影响。这说明数学考试中男性的存在，触发了女性不擅长数学的刻板印象。[23]

刻板印象威胁是体现自我叙述威力的最惊人的例子。以下是发生在背后的过程：研究显示，人们并非总会意识到自己在思考自己的群体成员身份，或者也不会意识到这正在妨碍他们的表现。不过，通过相对简单的故事编辑干预，人们的思维会被重新改变，从而摆脱焦虑和思来想去的恶性循环，并获得长期的益处。需要再一次说明的是，这并不意味着我们应该放弃缩小学业成绩差距的大型结构性方法。童年早期的干预非常重要，为更好地服务贫困学生而重新设计学校系统的方法同样很重要。但是，我们也应该关注社会环境传递给人们的信息，这些信息表达了他们是谁，同时还应关注他们是否适应这种环境，并设法使这些环境产生“安全的认同”。

REDIRECT

THE SURPRISING NEW SCIENCE OF PSYCHOLOGICAL CHANGE

持久改变的方法

10

在本书的开篇，我们提到了一个被广泛采用的基于常识的干预，干预的目的是帮助人们克服创伤性事件，这就是 CISD。正如我们看到的，这种干预并没有产生预期的效果，它甚至还延长了人们的痛苦。在书中，我们看到了很多其他的干预，它们都有资格获得我所谓的“水疱法”奖或“放血疗法”奖，其中包括很多心理自助书中提供的建议、防止儿童虐待的全国性计划、防止少女再次怀孕的“每天一美元”计划、减少青少年犯罪的恐惧威慑计划以及防止酒精与药物滥用的 D.A.R.E. 计划。

至少这些计划都接受了第 2 章中描述的实验技术的严格检验，使我们能够知道它们是有效还是有害。还有不计其数正在实施的其他计划，它们从未接受过充分的检验，也许是因为它们的创立者非常肯定它们是有效的。其中一些计划无疑是有效的，但正如我们看到的，我们不能理所当然地认为它们会有效。

我忍不住还要举一个例子。最近，我很高兴参加了彼得·亚罗（Peter Yarrow）的音乐会。这场音乐会是缅怀20世纪60年代的纪念活动的一部分。听亚罗唱来自那个动荡年代的抗议歌曲，听他讲述自己的故事，如1963年在华盛顿游行中表演的情景，都令人内心感到温暖。

不过，那天晚上不只是回顾。亚罗从来没有放弃他对社会变革的投入，他把音乐会作为鼓舞听众的机会，提醒我们当前还有很多问题需要解决，恳请我们继续为之努力。亚罗曾投入大量精力为孩子们创造安全的教育环境。1999年，他成立了一个名叫尊重行动（Operation Respect）的非营利组织。该组织向学校和夏令营发放影碟、音乐和指导手册，目的是防止霸凌与暴力。该计划的基础是史蒂夫·希斯金（Steve Seskin）和埃伦·西姆布林（Allen Shamblin）创作的歌曲《别嘲笑我》（*Don't Laugh at Me*）。根据尊重行动网站上的数据，该计划发放了超过15万份的“别嘲笑我”课程，4万多名教育者参加了“别嘲笑我”的工作坊。2003年，美国国会通过一项决议，表彰彼得·亚罗的尊重行动。2009年以色列启动了该计划的一个版本。

我希望在听到我讲述亚罗的尊重行动时，你此刻和我一样，感到胃部有下坠的感觉。尽管“别嘲笑我”令人印象深刻，尽管亚罗的演唱非常打动人，但作为一名“冷血”的社会科学家，我不禁要问：“这有效吗？”当然，它看起来应该是有效的。但答案是，我们不知道，因为就像我们在本书中探讨的很多干预一样，在充分检验之前，它就被广泛实施了。

“别嘲笑我”课程的基础是创造性解决冲突计划（Resolving Conflict Creatively Program）。据我所知，该计划从未接受过实验设计的评估。根据防止暴力研究中心的看法，创造性解决冲突计划没有成效，甚至都不是一个有前景的计划。该中心审查过600多个防止暴力的计划。在计划中增加“别嘲笑我”尤其令人紧张。

社会心理学的研究显示，人类思维对否定句式的处理不像对肯定句式的处理那样好。

如果一位总统说："我不是骗子。"人们很可能认为他是骗子，因为在人们的思维中，他与那个词发生了联系，尽管他是在否定。听一个孩子唱"别嘲笑我"可能会产生意想不到的反效果，因为人们会把嘲笑与那个孩子联系起来。总之，这首歌可能会导致对孩子的看法的微妙改变，使它恰好与初衷背道而驰。我真诚地希望自己错了，但关键在于我们不知道。[1]

"别那么扫兴，"你可能在想，"学校暴力与霸凌是一个大问题，如果我们都等着你们社会科学家争论个够，检验完每一项计划，那我们也许永远都会毫无进展。孩子们每天都在打架、欺负人。"说得很对，现实中有很多需要马上予以关注的紧迫问题。不过，让我们想一想第1章中谈到的与医学的类比。即使每天有很多可怕的疾病在夺去孩子们的生命，我们也必须在确定新疗法有效之后才能广泛使用它。想象一下，彼得·亚罗宣布，他在自己的地下室里调配出了新药，他相信新药能够治愈早发型糖尿病，并向全世界的孩子发送这种药。大多数人会被吓坏了，因为亚罗不是医生，即使他是医生，在给孩子们服用之前，也需要细致地检验这种药，并得到美国食品与药品管理局的批准。

同样，亚罗也不是社会心理学家。如果这本书一无所成，我希望它至少能让人们对用于解决社会及个人问题的那些未经检验的干预保持警惕。

解决方案

本书不只探讨了哪种干预无效，它还探讨了解决方案。它让人们认识到，应该检验干预，看它们是否有效，如果无效，便要改造它，直到有效为止。除此之外，我们还有基于故事编辑的方法，它是我们可以随意支配的有力工具。到目前为止，你已经知道，这一系列方法包含下述 3 个假设。

第一，为了改变人们的行为，我们必须透过他们的眼睛来看世界。这不只与刺激奖励有关，还与我们诠释自我及社会世界的方式有关。

第二，这些诠释并不总是板上钉钉的，事实上，我们可以采用正确的方法来改变它们。

第三，诠释的小小改变能够产生自我维持的效应，引发行为的持久改变。

我们已经看到，无数采用这些原则的故事编辑干预，解决了各种各样的个人及社会问题。你也许会奇怪，研究人员是如何想到这些干预的，特别是那些看起来不靠谱的干预。研究人员不是凭空发明出这些干预的，他们的方法是基于心理学研究发现的理论的，很多研究是在实验室中开展的。当然，当社会心理学家将实验室中的程序推广到现实世界中时，他们并不确定这些干预在现实情境中是否有效。从让学生们写对他们有价值的事物到设计出一种缩小学业成绩差距的干预之间，有很长的一段路要走。不过，社会心理学家知道从哪儿开始，并且有检验这些干预是否有效的方法。与单单凭借常识相比，这就有了大得多的优势，正如我们看到的，一些以常识为基础的干预造成的伤害比益处更大。社会心理学家以理论为基础，通过仔细的验证，发现了一些针对长期问题的解决方案，如缩小学业成绩差距的方法、减少青少年暴力的方法以及减少种族偏见的方法。

方法回顾

故事编辑方法不只可以被用来解决社会问题，还可以被用于在日常生活中，重新改变我们自己的叙述以及我们的孩子的叙述。确实，我们没法设计一个很好的实验，来检验我们凭直觉认为是最好的教养孩子的方法。不过，我们可以从其他人的努力中有所领悟。我在这本书中一直在说，故事编辑的方法可以被应用到日常生活中。最后，我把一些主要的观点再扼要叙述一下。

- 对心理自助书中提出的致富、出名或获得持久幸福的快捷方法保持怀疑的态度。不要相信有关宇宙法则的奇妙断言，尝试一下第 3 章中描述的简单书写练习，它的基础是坚实的心理学研究。它们能让你更幸福。
- 作为父母，不仅要关注孩子做了什么，还要关注他们对自己、对人际关系以及对世界的叙述。从出生时起，父母可以通过关注并回应孩子的需求，提供一致、可靠、及时的照料，来帮助他们发展出健康的核心依恋叙述。
- 当孩子渐渐长大，你要遵循最低限度原则，用必要的、最低水平的奖励与威胁来塑造他们的行为。过度的奖励与威胁有可能使孩子无法内化你想灌输的价值观，相反，则会让他们逐渐相信，他们服从你只是为了赢得你的爱或避免你的愤怒。
- 当孩子进入青春期时，要记住，他们的叙述会受到同伴及媒体的影响。你无法选择孩子的朋友，但你可以对他和谁一起出去玩，以及看什么电影和电视施加影响。鼓励他们参与他们感兴趣的志愿者工作。
- 利用“做好事，成好人”原则。修正叙述的最佳方法之一是先改变行为。正如库尔特·冯内古特（Kurt Vonnegut）在《母亲之夜》（*Mother Night*）中所说：“我们是自己假装成为的人，所以必须小心我们在假装什么。”这就是为什么让青少年参与志愿者工作是一种很有效的方法，因为它让青少年认为自己是投身社区、充满关爱的人。我们可以像自己想成为的人那样行动，从而利用这一原则。

- 主动与舒适区之外的人交往，如不同种族、民族或社会阶层的同事。你也许担心这种交往是令人尴尬或不受欢迎的，但这些担忧通常没有事实根据。其他人可能也有与你类似的担忧，他们会欢迎你去结识他们。
- 留意你自己及其他人的身份认同，以及特定的情境或背景威胁到这些身份认同的方式。正如我们在第 9 章中看到的，如果将某人置于担心自己会证实对本群体的消极刻板印象的情境中，那么这个人的表现会变差。幸运的是，有避免这种情况的方法，如让人们了解刻板印象威胁的危险，让人们肯定自己在与刻板印象无关的领域中的价值。
- 做一个好的信息消费者。正如第 9 章指出的，美国教育部创立了一个名为有效教学策略网的网站，这个网站回顾研究文献，并为教育者提供有效计划的描述。科罗拉多州防止暴力研究中心评估了减少暴力及药物使用的计划，并将结果发布在网站上。

总之，当有人建议你使用一种能让你更幸福、对他人更宽容、成为更好的父母或帮助你的孩子远离酒精、烟草及药物的方法时，你应该礼貌地问：“它有效吗？”

考虑到环保的因素，也为了节省纸张、降低图书定价，本书编辑制作了电子版的注释与参考文献。请扫描下方二维码，下载“湛庐阅读”APP，搜索“积极诠释力”，即可获取注释与参考文献列表。

REDIRECT

致谢

THE SURPRISING NEW SCIENCE OF PSYCHOLOGICAL CHANGE

任何这种篇幅的书都会经历开始、停止，以及起起落落。我的代理卡廷卡·马特森（Katinka Matson）以及利特尔和布朗出版社的编辑特雷西·波哈尔（Tracy Behar），他们帮助我避免在写作中偏离主线，并鼓励我开辟其他路径。我从他们的见解、支持与指导中获益匪浅。

一些人阅读了各章的草稿，并提供了很有价值的反馈，他们是Joe Allen, Jennifer Bauerle, Daphne Bugental, Geoffrey Cohen, Ed Diener, Elizabeth Dunn, Jesse Graham, Casey Eggleston, Cheryl Hahn, Dan Lassiter, Min Ha Lee, Robyn Mallett, Dieynaba Ndiaye, Jesse Pappas, Kathleen Schmidt, Tracie Stewart, Elizabeth Wilson, and Geoffrey Wilson。格雷格·沃尔顿（Greg Walton）读了整本书的草稿，提供了许多充满洞见的评价与建议。感谢所有这些人，这本书因为你们的反馈而大有改进。

我一生的朋友兼同事丹尼尔·吉尔伯特（Daniel Gilbert）也阅读了全部草稿。他眼光锐利，发现了书中最薄弱的部分，并且机敏地为我指明了正确的方向。在我的职业生涯中，有太多优秀的同事，多到无法在此一一列举。然而，其中两位同事对我工作的影响非常大，我做的每一件事都得到了他们的指点，包括这本书。他们是丹尼尔·吉尔伯特和我的研究生导师理查德·尼斯贝特。

这本书体现了我对社会心理学长久的热爱，也体现了我对它能提供很多改善人们生活的方法的信心。总之，我要感谢许许多多的同行，他们的工作成果展现在这本书的字里行间。如果你是开展艰苦研究工作的研究者，我希望这本书能对你的努力有一点点帮助。

REDIRECT

译者后记

THE SURPRISING NEW SCIENCE OF PSYCHOLOGICAL CHANGE

提起艾略特·阿伦森，心理学专业的人应该无人不知、无人不晓，甚至很多非专业人士对这个名字也有所耳闻。最为国人熟悉的是他的经典教材《社会心理学》。大家可能没有注意到，这本经典教材的合著者之一便是我们这本书的作者蒂莫西·D. 威尔逊。

蒂莫西·D. 威尔逊是弗吉尼亚大学的心理学教授。他的著作《我们是自己的陌生人》（*Strangers to Ourselves*）曾名列《纽约时报杂志》"2002 年百佳思想"的榜单之上。

《积极诠释力》这本书始终围绕着社会心理学的一个基本假设：不是客观环境，而是人对世界的诠释影响着人自身。你必须进入人们的头脑中，看看他们眼中的世界是什么样。人们会用一些说法和故事来解释自己当前的所作所为。你必须关注这些故事和叙述。人们的个人生活问题，甚至一些社会问题的出现，都可以归结为这些故事出了差错。

因此，社会心理学家建议，对于那些不太严重的问题，有一些方法能够很方便地重新改变个人叙事。作者把这种方法叫作故事编辑。通过给人们一些小忠告和建议，鼓励他们重构环境或者从新的角度来审视它，就可以把他们带到比以往更健康的叙述方向上。

作者虽然是研究基础心理学的，但语言中也不乏小小的幽默，如他对心理自助书的揶揄，还有他对心理学干预与医学治疗所做的类比。

在此要感谢的人和事太多太多，挑重要的表示一下感谢。首先感谢湛庐文化对我的信任，其次感谢黄宁、王鹏、巩樱、崔凯、范文斌以及曲晓东对我的帮助与支持。

未来，属于终身学习者

我这辈子遇到的聪明人（来自各行各业的聪明人）没有不每天阅读的——没有，一个都没有。巴菲特读书之多，我读书之多，可能会让你感到吃惊。孩子们都笑话我。他们觉得我是一本长了两条腿的书。

——查理·芒格

互联网改变了信息连接的方式；指数型技术在迅速颠覆着现有的商业世界；人工智能已经开始抢占人类的工作岗位……

未来，到底需要什么样的人才？

改变命运唯一的策略是你要变成终身学习者。未来世界将不再需要单一的技能型人才，而是需要具备完善的知识结构、极强逻辑思考力和高感知力的复合型人才。优秀的人往往通过阅读建立足够强大的抽象思维能力，获得异于众人的思考和整合能力。未来，将属于终身学习者！而阅读必定和终身学习形影不离。

很多人读书，追求的是干货，寻求的是立刻行之有效的解决方案。其实这是一种留在舒适区的阅读方法。在这个充满不确定性的年代，答案不会简单地出现在书里，因为生活根本就没有标准确切的答案，你也不能期望过去的经验能解决未来的问题。

湛庐阅读APP：与最聪明的人共同进化

有人常常把成本支出的焦点放在书价上，把读完一本书当做阅读的终结。其实不然。

时间是读者付出的最大阅读成本
怎么读是读者面临的最大阅读障碍
“读书破万卷”不仅仅在“万”，更重要的是在“破”！

现在，我们构建了全新的“湛庐阅读”APP。它将成为你“破万卷”的新居所。在这里：

- 不用考虑读什么，你可以便捷找到纸书、有声书和各种声音产品；
- 你可以学会怎么读，你将发现集泛读、通读、精读于一体的阅读解决方案；
- 你会与作者、译者、专家、推荐人和阅读教练相遇，他们是优质思想的发源地；
- 你会与优秀的读者和终身学习者为伍，他们对阅读和学习有着持久的热情和源源不绝的内驱力。

从单一到复合，从知道到精通，从理解到创造，湛庐希望建立一个“与最聪明的人共同进化”的社区，成为人类先进思想交汇的聚集地，共同迎接未来。

与此同时，我们希望能够重新定义你的学习场景，让你随时随地收获有内容、有价值的思想，通过阅读实现终身学习。这是我们的使命和价值。

湛庐阅读APP玩转指南

湛庐阅读APP结构图：

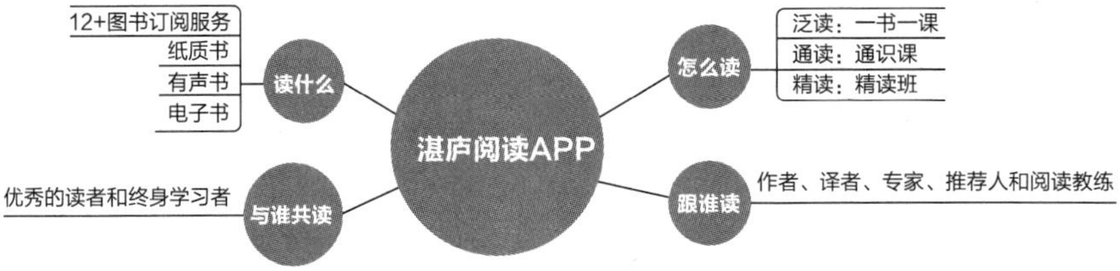

三步玩转湛庐阅读APP：

APP获取方式：
安卓用户前往各大应用市场、苹果用户前往APP Store
直接下载“湛庐阅读”APP，与最聪明的人共同进化！

使用APP扫一扫功能，遇见书里书外更大的世界！

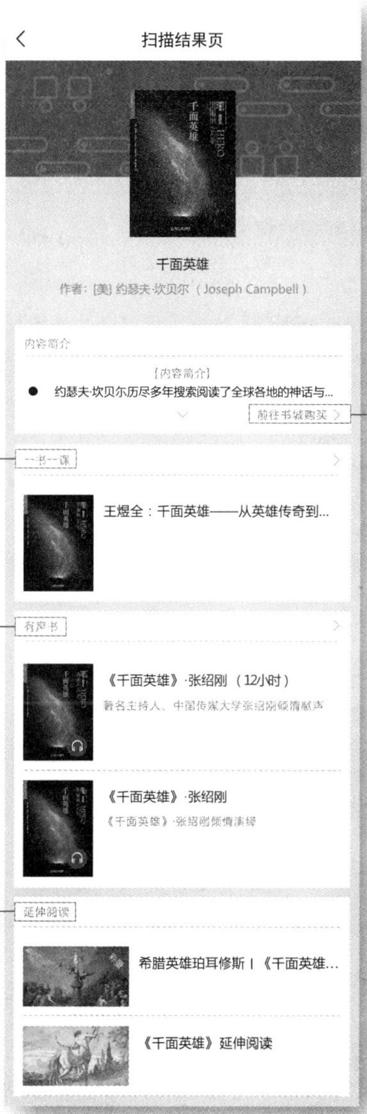

快速了解本书内容，
湛庐千册图书一键购买！

大咖优质课、
献声朗读全本一键了解，
为你读书、讲书、拆书！

你想知道的彩蛋
和本书更多知识、资讯，
尽在延伸阅读！

湛庐文化 Cheers Publishing
a mindstyle business 与思想有关

延伸阅读

《情境影响力》

使用"湛庐阅读"APP，"扫一扫"获取本书更多精彩内容。
ISBN 978-7-213-08603-8

◎ 破解环境密码，重构认知格局，激活快人一步的决策力。
◎ 带你探索影响你生活的隐形力量，颠覆你头脑中原有的人性假设。
◎《怪诞行为学》作者、杜克大学行为经济学教授丹·艾瑞里与哈佛大学经济学、《大停滞》作者泰勒·考恩力荐。

《先发影响力》

使用"湛庐阅读"APP，"扫一扫"获取本书更多精彩内容。
ISBN 978-7-5596-0344-9

◎ "影响力教父"西奥迪尼继《影响力》后又一部力作，提出了30年来市场营销领域真正具有创新性的概念。
◎ 了解说话行事的最佳时机，掌握"注意力转移的艺术"，让你在开口之前就奠定胜局。
◎ "股神"巴菲特、查理·芒格、2017年诺贝尔经济学奖得主理查德·塞勒强力推荐。

《好人为什么会作恶》

使用"湛庐阅读"APP，"扫一扫"获取本书更多精彩内容。
ISBN 978-7-213-08397-6

◎ 全面揭秘一代心理学大师米尔格拉姆的一生，记述服从权威实验、六度分离理论等著名理论诞生始末。
◎ 不止解释了人类如何服从，更告诉了我们如何更好地反抗。
◎ 美国著名心理学家菲利普·津巴多、戴维·迈尔斯，国内心理学及社会学权威沙莲香、彭凯平、周晓虹、何帆倾力推荐。

《西奥迪尼社会心理学》

使用"湛庐阅读"APP，"扫一扫"获取本书更多精彩内容。
ISBN 978-7-5596-0418-7

◎ 了解自身、了解社会、了解自己与社会关系的指南书。
◎ 上百幅实验图片配上详细解析，让你在轻松阅读中了解心理学知识，洞悉人类行为背后的心理秘密。
◎ 清华大学彭凯平、北京大学侯玉波鼎力推荐。

《迈尔斯直觉心理学》

使用"湛庐阅读"APP，"扫一扫"获取本书更多精彩内容。
ISBN 978-7-213-07609-1

◎ 用科学揭开直觉的真相：直觉到底是什么？我们该不该相信直觉？
◎ 国际著名心理学家戴维·迈尔斯经典著作全新翻译再版，运用通俗、幽默的语言，为人们揭开直觉神秘的面纱。
◎ 美国心理协会前主席罗伯特·斯滕伯格、美国心理科学协会前主席伊丽莎白·洛夫特斯、盖洛普咨询公司名誉董事长唐纳德·克利夫顿联袂推荐。

图书在版编目（CIP）数据

积极诠释力 /（美）蒂莫西 · D. 威尔逊著；黄珏苹译 .—杭州：浙江人民出版社，2018.4

ISBN 978-7-213-08689-2

Ⅰ .①积… Ⅱ .①蒂… ②黄… Ⅲ .①心理学—通俗读物 Ⅳ .① B84-49

中国版本图书馆 CIP 数据核字（2018）第 050406 号

上架指导：职场 / 心理学

积极诠释力

[美] 蒂莫西 · D. 威尔逊　著
黄珏苹　译

出版发行：浙江人民出版社（杭州体育场路 347 号　邮编　310006）
市场部电话：（0571）85061682　85176516
集团网址：浙江出版联合集团　http://www.zjcb.com
责任编辑：蔡玲平　胡佳佳
责任校对：杨　帆　朱志萍
印　　刷：石家庄继文印刷有限公司
开　　本：720mm ×965mm 1/16　　印　　张：14.75
字　　数：184 千字　　插　　页：1
版　　次：2018 年 4 月第 1 版　　印　　次：2018 年 4 月第 1 次印刷
书　　号：ISBN 978-7-213-08689-2
定　　价：62.90 元

如发现印装质量问题，影响阅读，请与市场部联系调换。